Niels Sommer

BdB-Handbuch V

Gehölzsortimente und ihre Verwendung

avBUCH

Inhaltsverzeichnis

Vorwort

Das vorliegende BdB-Handbuch liefert dem Leser eine schnelle und zusammenfassende Übersicht zu den unterschiedlichen Gehölzen sowie deren Zuordnung in den Bereichen Eigenschaften, Eignung und Verwendung.

Aus unterschiedlichsten Quellen wurden diese Informationen zusammengetragen und in diesem Buch dargestellt. Somit gilt das Buch als sinnvolle Ergänzung zu den vielen auf dem Markt erhältlichen Gehölz- und Pflanzenbüchern, insbesondere aus der Reihe der BdB-Handbücher, in denen die jeweiligen Gehölze detailliert in Wort und Bild beschrieben werden.

Sowohl für den Hobbygärtner als auch für den Gartenprofi werden die charakteristischen Gehölzeigenschaften thematisch gegliedert und die dazugehörigen Gehölze aufgelistet. Aus diesem Grund kann dieses Buch auch für Beratungszwecke genutzt werden.

Das richtige Gehölz auf dem richtigen Standort ist allerdings nur ein Garant für eine künftig positive Entwicklung der Gehölze. Wichtig sind natürlich weitere Faktoren wie die Qualität der gelieferten Pflanzen, der Transport, die Lagerung der Gehölze, die Vorbereitung der Pflanzung, die Pflanzung selbst sowie die sich anschließende Pflege.

Die Angaben in diesem Buch bieten eine wesentliche Entscheidungshilfe für die Auswahl der geeigneten Gehölze. Dieses Buch enthält vor allem die auf dem deutschsprachigen Markt verfügbaren Gehölze, die für den Großabnehmer im Garten- und Landschaftsbau und die Kommunen als auch für den Privatkunden im gärtnerischen Einzelhandel (z. B. bei den GartenBaumschulen) standardmäßig im Angebot oder leicht zu beschaffen sind. Auf die Berücksichtigung von Raritäten und Liebhabersortimenten wurde bewusst verzichtet.

Des Weiteren wird darauf verzichtet, die wissenschaftlich gültige Nomenklatur umzusetzen. Vorrangig werden die üblichen Handelsbezeichnungen herangezogen, die sowohl in den Baumschulen als auch bei den Verbrauchern bekannt sind.

Niels Sommer
Geschäftsführer Bund deutscher Baumschulen (BdB) – Serviceges.m.b.H

Pinneberg, August 2007

Einleitung

Dieses Buch ist in drei Bereiche untergliedert:

1. Eigenschaften und Merkmale der Gehölze
Vorgegeben werden einzelne äußerlich leicht erkennbare Merkmale (Wuchshöhe und -form, Laubfärbung, Rindeneigenschaften, Fruchtfarbe, Blütenfarbe und -zeitpunkt, Duft), denen die jeweiligen Gehölze zugeordnet werden.

2. Planungs- und Gestaltungshilfen
Zu den unterschiedlichen Einsatzarten, -orten und -zwecken werden die jeweiligen Gehölze aufgelistet.

3. Verträglichkeiten
Jedes Gehölz reagiert unterschiedlich auf Umweltbedingungen. Unverträglichkeiten bilden den begrenzenden Faktor für die gepflanzten Gehölze und sollten unbedingt berücksichtigt werden. Das Anwachsergebnis und die künftige Vitalität der Gehölze werden hierdurch entscheidend beeinflusst.

Die Zuordnung der Gehölze wurde auf Grundlage zahlreicher Quellen vorgenommen (siehe Literatur im Anhang). In der Literatur finden sich zu einigen Bereichen unterschiedliche, teilweise sogar widersprüchliche Angaben. Es wurden grundsätzlich alle seriös erscheinenden Angaben in dieses Buch aufgenommen. Das führt bewusst zu Mehrfachnennungen. Der Leser muss sich im Klaren sein, dass es sich bei Pflanzen um lebendige Wesen handelt, die auf unterschiedliche Außenfaktoren auch unterschiedlich reagieren. So erklärt sich die Bandbreite der Angaben.

Eigenschaften und Pflanzenmerkmale

Die gewünschten Merkmale und Eigenschaften der Bepflanzung werden meist von den Gartenplanern vorgegeben. Hierzu werden dann die geeigneten Gehölze gesucht.

Wuchshöhe/Wuchsstärke/Wuchsgröße

Die folgenden Zuordnungen wurden auf Grundlage der verfügbaren Literatur gewissenhaft vorgenommen, sind allerdings nicht in allen Fällen verbindlich und vollständig. Es spielen einfach zu viele Faktoren bei der Entwicklung der jeweiligen Gehölze eine entscheidende Rolle.

Schon die Qualität der gelieferten Gehölze hat einen entscheidenden Einfluss auf das künftige Wachstum. Zur weiteren optimalen Entwicklung gehören eine fachgerechte Vorbereitung des Pflanzloches sowie die bedarfsgerechte Pflege nach der Pflanzung (Düngung, Pflanzenschutz, Wässern, Schnitt).

Klima, Witterung, Bodenverhältnisse sowie die geographische Lage spielen eine ebenso wichtige Rolle wie der Entwicklungsstand der Pflanze. So kann sich die Wuchsform je nach Alter ändern. Die Wurzelausprägung richtet sich häufig nach dem ausgewählten Standort.

Die Angabe der Wuchshöhe bezieht sich auf die endgültige Höhe einer ausgewachsenen Pflanze. Bei Sträuchern wird diese Höhe bereits nach wenigen (5 bis 10) Jahren erreicht. Bäume benötigen dagegen viele Jahrzehnte, um die maximale Höhe zu erreichen.

Schnellwüchsige Bäume (Pappeln, Weiden, Erlen, Birken) erreichen bereits nach 20 Jahren die endgültige Wuchshöhe, langsamwüchsige Bäume (Eichen, Linden) dagegen erst nach über 100 Jahren.

Natürlich haben auch hier die äußeren Faktoren einen erheblichen Einfluss.

Cedrus libani 'Glauca'

Zwergsträucher bis 0,50 m

Laubgehölze	Nadelgehölze
Andromeda polifolia	*Erica vagans* (Sorten)
Arctostaphylos uva-ursi	*Abies koreana* (Zwergsorten)
Berberis buxifolia 'Nana'	*Juniperus communis* 'Hornibrookii'
Berberis thunbergii 'Bagatelle'	*Juniperus communis* 'Nana Aurea'
Berberis thunbergii 'Kobold'	*Juniperus communis* 'Repanda'
Calluna vulgaris (Sorten)	*Juniperus horizontalis* (Sorten)
Cornus canadensis	*Juniperus procumbens* (Sorten)
Cotoneaster adpressus	*Juniperus sabina* 'Tamariscifolia'
Cotoneaster dammeri radicans	*Juniperus squamata* 'Blue Star'
Cotoneaster horizontalis 'Saxatilis'	*Microbiota decussata*
Cotoneaster microphylla 'Cochleatus'	*Picea abies* 'Echiniformis'
Cotoneaster microphylla 'Streibs Findling'	*Picea abies* 'Little Gem'
Cotoneaster salicifolius (Sorten)	*Picea abies* 'Pumila Glauca'
Daphne cneorum	*Picea glauca* 'Echiniformis'
Empetrum nigrum	*Picea mariana* 'Nana'
Erica carnea (Sorten)	*Pinus mugo* 'Mini Mops'
Erica cinerea (Sorten)	*Taxus baccata* 'Repandens'
Erica darleyensis (Sorten)	*Thuja orientalis* 'Aurea Nana'
Erica tetralis (Sorten)	

Daphne cneorum

Zwergsträucher bis 0,50 m

Laubgehölze

Euonymus fortunei (Sorten)
Forsythia 'Minigold'
Gaultheria procumbens
Gaultheria shallon
Genista anglica
Genista lydia
Genista pilosa
Genista sagittalis
Genista radiata
Genista tinctoria 'Plena'
Hebe (Arten)
Hedera colchica (Sorten)
Hedera helix (Sorten)
Hypericum calycinum
Ilex crenata 'Golden Gem'
Lavandula angustifolia
Leucothoe walteri
Lonicera pileata
Mahonia aquifolium 'Apollo'
Pachysandra terminalis
Perovskia (Sorten)
Potentilla 'Farreri'
Potentilla fruticosa 'Mandshu'
Potentilla 'Royal Flush'
Potentilla 'Tangerine'
Prunus laurocerasus 'Mount Vernon'
Rhododendron camtschaticum
Rhododendron impeditum (Sorten)

Laubgehölze

Rhododendron repens (Sorten)
Rhododendron russatum (Sorten)
Rosa nitida
Rosa – Beetrosen (niedrig)
Rosa – Zwergrosen
Rosa – niedrige Polyantha/Floribunda
Rubus tricolor
Salix grahamii
Salix simulatrix
Sasa veitchii
Skimmia foremanii
Skimmia japonica
Spiraea betulifolia
Spiraea decumbens
Spiraea japonica 'Albiflora'
Spiraea japonica 'Anthony Waterer'
Spiraey japonica 'Goldmound'
Spiraea japonica 'Little Princess'
Spiraea japonica 'Nana'
Stephanandra incisa 'Crispa'
Teucrium chamaedrys
Vaccinium macrocarpon (Sorten)
Vaccinium myrtillus
Vaccinium oxycoccus
Vaccinium vitis-idaea 'Koralle'
Viburnum davidii
Vinca major
Vinca minor (Sorten)

Kleinsträucher von 0,50 m bis 1,50 m

Laubgehölze

Acer palmatum 'Dissectum Garnet'
Amorpha fruticosa
Aronia prunifolia 'Viking'
Berberis candidula
Berberis frikartii (Sorten)
Berberis hookeri
Berberis gagnepainii 'Klugowskiana'
Berberis media 'Parkjuwel'
Berberis media 'Red Jewel'
Berberis thunbergii 'Atropurpurea Nana'
Berberis thunbergii 'Green Carpet'
Berberis wilsoniae subcauliata
Betula humilis
Betula nana
Buxus sempervirens 'Suffruticosa'
Caryopteris (Sorten)
Ceanothus (Sorten)
Chaenomeles japonica (Sorten)
Cornus stolonifera 'Kelseyi'
Corylopsis pauciflora
Cotoneaster dammeri 'Coral Beauty'
Cotoneaster dammeri 'Eichholz'
Cotoneaster dammeri 'Jürgl'
Cotoneaster dammeri 'Skogholm'
Cotoneaster horizontalis
Cotoneaster praecox (Sorten)
Cytisus (Arten/Sorten)
Daphne burkwoodii 'Somerset'
Daphne mezereum
Deutzia hybrida 'Pink Pom Pom'
Deutzia lemoinei 'Boule de Neige'
Deutzia gracilis
Deutzia 'Mont Rose'
Deutzia rosea
Euonymus alatus 'Compactus'

Nadelgehölze

Abies balsamea 'Nana'
Chamaecyparis lawsoniana 'Minima Glauca'
Chamaecyparis lawsoniana 'Tharandtensis'
Chamaecyparis obtusa 'Kosteri'
Chamaecyparis obtusa 'Nana Gracilis'
Chamaecyparis pisifera 'Filifera Aurea Nana'
Chamaecyparis pisifera 'Filifera Nana'
Chamaecyparis pisifera 'Filifera Sungold'
Juniperus chinensis (Sorten)
Juniperus media (Sorten)
Juniperus sabina (Sorten)
Juniperus squamata (Sorten)
Picea abies 'Nidiformis'
Picea abies 'Pygmaea'
Picea omorica 'Nana'
Picea pungens 'Glauca Globosa'
Pinus densiflora 'Pumila'
Pinus mugo mughus
Pinus mugo 'Mops'
Pinus mugo pumilio
Pinus pumila 'Glauca'
Pinus strobus 'Krüger's Liliput'
Pinus strobus 'Radiata'
Taxus baccata 'Repandens'
Taxus baccata 'Summergold'
Taxus cuspidata 'Nana'
Thuja occidentalis 'Danica'
Thuja occidentalis 'Tiny Tim'

Kleinsträucher von 0,50 m bis 1,50 m

Laubgehölze

Euonymus fortunei (Sorten)
Forsythia ovata 'Minigold'
Forsythia ovata 'Tetragold'
Genista radiata
Genista tinctoria
Hedera colchica 'Arborescens'
Hedera helix 'Arborescens'
Hydrangea arborescens (Sorten)
Hydrangea aspera 'Macrophylla'
Hydrangea involucrata
Hydrangea macrophylla (Sorten)
Hydrangea paniculata (Sorten)
Hydrangea sargentiana
Hydrangea serrata (Sorten)
Hypericum 'Hidcote'
Ilex crenata (Sorten)
Ilex meservae 'Blue Angel'
Kalmia angustifolia 'Rubra'
Kalmia latifolia 'Ostbo Red'
Kerria japonica
Ledum groenlandicum
Lespedeza thunbergii
Ligustrum vulgaris 'Lodense'
Lonicera caerulea
Lonicera nitida 'Elegant'
Lonicera pileata
Lonicera xylosteoides 'Clavey's Dwarf'
Mahonia aquifolium (Sorten)
Mahonia bealei
Paeonia suffruticosa (Sorten)
Pernettya mucronata (Sorten)
Perovskia (Arten/Sorten)
Philadelphus 'Belle Etoile'
Philadelphus 'Dame Blanche'
Philadelphus 'Manteau d'Hermine'
Pieris floribunda
Pieris japonica (Sorten)
Pleioblastus (Arten)
Potentilla 'Abbotswood'
Potentilla 'Goldfinger'
Potentilla 'Goldstar'
Potentilla 'Hachmann's Gigant'

Laubgehölze

Potentilla 'Jackman'
Potentilla 'Klondike'
Potentilla 'Longacre'
Potentilla 'Maanelys'
Potentilla 'Red Ace'
Potentilla 'Sandved'
Prunus cisterna
Prunus laurocerasus 'Cherry Brandy'
Prunus laurocerasus 'Otto Luyken'
Pseudosasa japonica
Pyracantha 'Red Cushion'
Pyracantha 'Solei d'Or'
Rhododendron, großblumige Sorten
Rhododendron repens (Sorten)
Rhododendron russatum (Sorten)
Rhododendron williamsianum (Sorten)
Rhododendron yakushimanum (Sorten)
Rhodotypos scandens
Ribes alpinum 'Schmidt'
Rosen – Beetrosen, starkwüchsig
Rosen – Zierstrauchrosen
Rosen – Floribundarosen, hohe Sorten
Rosen – Strauchrosen, niedrig
Rosa carolina
Rosa gallica
Rosa majalis
Rosa nitida
Rosa pimpinellifolia
Rosa rugosa
Rosa rugotida
Rubus caesius
Rubus fruticosus
Rubus odoratus
Salix balsamifera mas
Salix hastata 'Wehrhahnii'
Salix lanata
Salix purpurea 'Nana'
Salix repens argentea
Skimmia japonica (Sorten)
Sorbaria sorbifolia
Spiraea nipponica
Spiraea thunbergii

Laubgehölze	Laubgehölze
Spiraea triloba	*Viburnum carlesii*
Stephanandra incisa	*Viburnum davidii*
Symphoricarpos chenaultii 'Hancock'	*Viburnum opulus* 'Compactum'
Symphoricarpos doorenbosii 'Mother of Pearl'	*Weigela florida* 'Purpurea'
Syringa meyeri 'Palibin'	*Weigela florida* 'Red Prince'
Syringa microphylla 'Superba'	*Weigela florida* 'Snowflake'
Ulex europaeus	

Potentilla fruticosa 'Red Ace'

Mittelgroße Sträucher von 1,50 bis 2,50 m

Laubgehölze	Nadelgehölze
Acanthopanax sieboldianus	*Chimonanthus praecox*
Acer palmatum 'Dissectum'	*Abies lasiocarpa* 'Compacta'
Acer palmatum 'Dissectum Nigrum'	*Cephalotaxus harringtonia* 'Fastigiata'
Acer palmatum 'Dissectum Atropurpureum'	*Chamaecyparis lawsoniana* (Sorten)
Acer palmatum 'Osakazuki'	*Chamaecyparis obtusa* (Sorten)
Acer shirasawanum 'Aureum'	*Chamaecyparis pisifera* (Sorten)
Alnus viridis	*Cryptomeria japonica* 'Globosa Nana'
Amorpha fruticosa	*Juniperus chinensis* (Sorten)
Aralia elata 'Variegata'	*Juniperus communis* (Sorten)
Aronia arbutifolia	*Juniperus media* (Sorten)
Aronia melanocarpa	*Juniperus sabina* (Sorten)
Aucuba japonica	*Juniperus scopulorum* (Sorten)
Berberis frikartii 'Verrucandi'	*Picea abies* (Sorten)
Berberis gagnepainii lanceifolia	*Picea glauca* 'Conica'
Berberis gagnepainii 'Klugowski'	*Picea pungens* 'Glauca Globosa'
Berberis hybrido-gagnepainii	*Pinus aristata*
Berberis stenophylla	*Pinus cembra* 'Glauca'
Berberis verruculosa	*Pinus densiflora* 'Pumila'
Buddleia alternifolia	*Pinus sylvestris* 'Waterer'
Buddleia davidii-Hybriden	*Taxus baccata* 'Fastigiata Aureomarginata'
Buxus microphylla (Sorten)	*Taxus baccata* 'Nissen's Corona'
Buxus sempervirens 'Handsworthiensis'	*Taxus baccata* 'Nissen's Präsident'
Callicarpa bodinieri giraldii	*Taxus baccata* 'Washingtonii'
Calycanthus floridus	*Taxus cuspidata* (Sorten)
Caragana arborescens 'Lorbergii'	*Taxus media* 'Hatfieldii'
Chaenomeles (Sorten)	*Thuja occidentalis* 'Recurva Nana'

Philadelphus 'Virginal'

Laubgehölze	**Laubgehölze**
Chionanthus virginicus	*Lonicera korolkowii zabelii*
Clethra alnifolia	*Lonicera ledebourii*
Clethra alnifolia 'Rosea'	*Lonicera morrowii*
Colutea arborescens	*Lonicera xylosteum*
Cornus alba (Sorten)	*Lycium barbarum*
Cornus alternifolia	*Magnolia sieboldii*
Cornus stolonifera 'Flaviramea'	*Magnolia stellata*
Corylopsis spicata	*Malus sargentii*
Cotinus coggygria 'Royal Purple'	*Philadelphus* 'Erectus'
Corylus avellana 'Contorta'	*Philadelphus* 'Girandole'
Cotoneaster dielsianus	*Philadelphus* 'Schneesturm'
Cotoneaster divaricatus	*Philadelphus* 'Virginal'
Cotoneaster franchetii	*Photinia fraseri*
Cotoneaster sternianus	*Physocarpus opulifolius*
Cytisus praecox (Sorten)	*Pieris floribunda*
Cytisus scoparius (Sorten)	*Pieris japonica*
Deutzia kalmiiflora	*Prunus cistena*
Deutzia 'Mont Rose'	*Prunus kurilensis* 'Brillant'
Deutzia scabra 'Candidissima'	*Prunus laurocerasus* 'Herbergii'
Elaeagnus commutata	*Prunus laurocerasus* 'Mano'
Elaeagnus ebbingei	*Prunus laurocerasus* 'Rotundifolia'
Elaeagnus pungens	*Prunus laurocerasus* 'Schipkaensis Macrophylla'
Elaeagnus pungens 'Maculata'	*Prunus laurocerasus* 'Zabeliana'
Enkianthus campanulatus	*Prunus serrulata* 'Shimidsu'
Euonymus alatus	*Prunus triloba*
Exochorda giraldii	*Pyracantha* (Sorten)
Forsythia 'Goldzauber'	*Rhododendron*, (großblumige Sorten)
Forsythia intermedia 'Week End'	*Rhododendron williamsianum* (Sorten)
Forsythia suspensa fortunei	*Rhodotypos scandens*
Fothergilla (Arten)	*Rhus glabra*
Halimodendron halodendron	*Ribes aureum*
Hamamelis (Arten/Sorten)	*Ribes divaricatum*
Hibiscus syriacus (Sorten)	*Ribes sanguineum* (Sorten)
Holodiscus discolor ariifolius	*Robinia hispida*
Hydrangea arborescens (Sorten)	*Robinia hispida* 'Macrophylla'
Hydrangea paniculata 'Grandiflora'	*Robinia kelseyi*
Ilex meserveae (Sorten)	*Rosa* – Zierstrauchrosen
Kalmia latifolia	*Rosa* – Kletterrosen
Kerria japonica 'Pleniflora'	*Rosa blanda*
Kolkwitzia amabilis	*Rosa canina*
Ligustrum delavayanum	*Rosa glauca*
Ligustrum obtusifolium regelianum	*Rosa jundzillii*
Ligustrum ovalifolium 'Aureum'	*Rosa moyesii*
Lonicera caerulea	*Rosa multiflora*

Mittelgroße Sträucher von 1,50 bis 2,50 m

Laubgehölze	Laubgehölze
Rosa rubiginosa	*Spiraea prunifolia*
Rosa virginiana	*Spiraea vanhouttei*
Rosa vosagiaca	*Stranvaesia davidiana*
Rubus idaeus	*Symphoricarpos albus laevigatus*
Rubus odoratus	*Symphoricarpos chenaultii*
Rubus phoenicolasius	*Symphoricarpos orbiculatus*
Salix aurita	*Syringa microphylla* 'Superba'
Salix elaeagnos	*Tamarix ramosissima*
Salix purpurea	*Vaccinium corymbosum* (Sorten)
Salix sachalinensis 'Sekka'	*Viburnum bodnatense* (Sorten)
Sambucus racemosa	*Viburnum burkwoodii*
Sasa kurilensis	*Viburnum carlcephalum*
Sorbaria aitchinsonii	*Viburnum carlesii*
Sorbus koehneana	*Viburnum farreri*
Spiraea arguta	*Viburnum fragrans*
Spiraea billardii 'Triumphans'	*Viburnum plicatum* (Sorten)
Spiraea cinerea 'Grefsheim'	*Weigela* (Sorten)
Spiraea nipponica	

Großsträucher über 2,50 m (teilweise bis 7 m)

Laubgehölze	Nadelgehölze
Acer capillipes	*Cedrus atlantica* 'Glauca Pendula'
Acer ginnala	*Chamaecyparis lawsoniana* (Sorten)
Acer palmatum (Sorten)	*Chamaecyparis obtusa* (Sorten)
Acer tataricum	*Chamaecyparis pisifera* (Sorten)
Aesculus parviflora	*Cryptomeria japonica*
Aesculus pavia	*Cupressus arizonica* 'Fastigiata'
Amelanchier laevis	*Juniperus chinensis* (Sorten)
Amelanchier rotundifolia	*Juniperus communis* (Sorten)
Amorpha fruticosa	*Juniperus media* (Sorten)
Aralia elata	*Juniperus scopulorum* (Sorten)
Berberis julianae	*Juniperus squamata* 'Meyeri'
Berberis ottawensis 'Superba'	*Taxus baccata* (Sorten)
Berberis thunbergii	*Taxus cuspidata*
Berberis thunbergii 'Atropurpurea'	*Taxus media* (Sorten)
Berberis thunbergii 'Red Chief'	*Thuja occidentalis* (Sorten)
Berberis vulgaris	*Thuja orientalis* 'Aurea'

Laubgehölze	**Laubgehölze**
Buxus sempervirens arborescens	*Crataegus crus-galli*
Caragana arborescens	*Crataegus laevigata* (Sorten)
Catalpa bignonioides 'Nana'	*Crataegus lavallei* 'Carierei'
Cercis siliquastrum	*Crataegus monogyna*
Colutea arborescens	*Crataegus prunifolia*
Cornus alba (Sorten)	*Cydonia oblonga*
Cornus alternifolia	*Decaisnea fargesii*
Cornus controversa	*Deutzia magnifica*
Cornus florida (Sorten)	*Deutzia scabra* 'Candidissima'
Cornus kousa (Sorten)	*Deutzia scabra* 'Plena'
Cornus mas	*Deutzia scabra* 'Pride of Rochester'
Cornus nutallii (Sorten)	*Elaeagnus angustifolia*
Cornus sanguinea	*Elaeagnus multiflora*
Corylus avellana (Sorten)	*Enkianthus campanulatus*
Corylus maxima (Sorten)	*Euonymus europaeus*
Cotinus coggygria (Sorten)	*Euonymus planipes*
Cotoneaster acutifolius	*Euonymus yedoensis*
Cotoneaster bullatus	*Exochorda racemosa*
Cotoneaster multiflorus	*Forsythia* 'Beatrix Ferrand'
Cotoneaster salicifolius floccosus	*Forsythia intermedia* 'Spectabilis'
Cotoneaster watereri 'Cornubia'	*Forsythia* 'Spring Glory'
Crataegus coccinea	*Halesia carolina*

Enkianthus campanulatus

Mittelgroße Sträucher von 1,50 bis 2,50 m

Laubgehölze

Halesia monticola
Hamamelis (Arten/Sorten)
Hippophae rhamnoides
Ilex aquifolium (Sorten)
Kalopanax pictus maximowiczii
Koelreuteria paniculata
Laburnum alpinum
Ligustrum ovalifolium
Ligustrum vulgare
Ligustrum vulgare 'Atrovirens'
Lonicera ledebourii
Lonicera maackii
Lonicera tatarica
Lonicera xylosteum
Magnolia liliflora 'Nigra'
Magnolia loebneri (Sorten)
Magnolia sieboldii
Magnolia stellata
Malus (Sorten)
Mespilus germanica
Morus alba
Morus nigra
Osmanthus heterophyllus
Philadelphus coronarius
Philadelphus inodorus grandiflorus
Photinia villosa
Phyllostachys (Arten/Sorten)
Prunus 'Accolade'
Prunus blireana
Prunus cerasifera 'Nigra'
Prunus dulcis
Prunus gondouinii 'Schnee'
Prunus laurocerasus 'Caucasica'
Prunus laurocerasus 'Herbergii'
Prunus lusitanica
Prunus mahaleb
Prunus serrulata (Sorten)
Prunus spinosa
Prunus subhirtella (Sorten)
Prunus 'Trailblazer'
Ptelea trifoliata
Pterostyrax hispida

Laubgehölze

Pyrus caucasica
Pyrus regelii
Pyrus salicifolia
Rhamnus frangula
Rhododendron, großblumige
Rhus typhina (Sorten)
Salix acutifolia 'Pendulifolia'
Salix caprea 'Silberglanz'
Salix cinerea
Salix daphnoides 'Praecox'
Salix erythroflexuosa
Salix fragilis
Salix matsudana 'Tortuosa'
Salix purpurea
Salix sachalinensis 'Sekka'
Salix smithiana
Salix viminalis
Sambucus canadensis 'Aurea'
Sambucus canadensis 'Maxima'
Sambucus nigra
Sambucus racemosa
Sorbus arnoldiana (Sorten)
Sorbus koehneana
Sorbus vilmorinii
Staphylea colchica
Stranvaesia davidiana
Styrax japonica
Syringa chinensis (Sorten)
Syringa josikaea
Syringa prestoniae (Sorten)
Syringa reflexa
Syringa vulgaris (Sorten)
Tamarix parviflora
Tamarix pentandra
Viburnum burkwoodii
Viburnum lantana
Viburnum opulus
Viburnum opulus 'Roseum'
Viburnum rhytidophyllum
Weigela 'Bristol Ruby'
Weigela 'Florida'

Baumartige Sträucher – strauchartige Bäume

Laubgehölze

Acer campestre
Acer capillipes
Acer cappadocicum 'Rubrum'
Acer neglectum 'Annae'
Acer negundo 'Aureo-variegatum'
Acer negundo 'Odessanum'
Acer negundo 'Variegatum'
Acer pensylvanicum
Acer rufinerve
Alnus cordata
Buxus sempervirens arborescens
Carpinus betulus
Cercidiphyllum japonicum
Cercis siliquastrum
Cornus controversa
Cornus florida
Cornus florida 'Rubra'
Cornus kousa
Cornus kousa chinensis
Cornus mas
Crataegus coccinea

Laubgehölze

Crataegus crus-galli
Crataegus lavallei 'Carrierei'
Crataegus prunifolia
Elaeagnus angustifolia
Fraxinus ornus
Gymnocladus dioicus
Ilex aquifolium (Sorten)
Koelreuteria paniculata
Laburnum anagyroides
Laburnum wateri 'Vossii'
Magnolia loebneri
Magnolia soulangiana
Malus (Sorten)
Morus alba
Nothofagus antartica
Parrotia persica
Phellodendron amurense
Populus tremula
Prunus 'Accolade'
Prunus cerasifera

Magnolia soulangiana

Baumartige Sträucher – strauchartige Bäume

Laubgehölze	**Laubgehölze**
Prunus cerasifera 'Nigra'	*Salix caprea*
Prunus mahaleb	*Salix caprea* 'Mas'
Prunus padus	*Salix daphnoides* (Sorten)
Prunus serotina	*Salix erythroflexuosa*
Prunus serrulata 'Amanogawa'	*Salix fragilis*
Prunus serrulata 'Pink Perfection'	*Salix matsudana* 'Tortuosa'
Prunus serrulata 'Shirofugen'	*Salix smithiana*
Prunus serrulata 'Shirotae'	*Sambucus canadensis* 'Maxima'
Prunus subhirtella 'Autumnalis'	*Sambucus nigra*
Prunus subhirtella 'Fukubana'	*Sorbus americana*
Prunus subhirtella 'Plena'	*Sorbus decora*
Prunus 'Trailblazer'	*Sorbus thuringiaca* 'Fastigiata'
Pyrus salicifolia	*Sorbus vilmorinii*
Robinia pseudoacacia 'Tortuosa'	*Ulmus carpinifolia* 'Wredei'

Kleinbäume unter 10 m

Laubgehölze	**Nadelgehölze**
Acer campestre	*Abies concolor*
Acer capillipes	*Abies homolepis*
Acer cappadocicum 'Rubrum'	*Abies koreana*
Acer ginnala	*Abies pinsapo* 'Kelleris'
Acer griseum	*Cedrus atlantica* 'Glauca'
Acer monspessulanum	*Cedrus deodara* (Sorten)
Acer neglectum 'Annae'	*Chamaecyparis lawsoniana* (Sorten)
Acer negundo (Sorten)	*Chamaecyparis nootkatensis* 'Pendula'
Acer pensylvanicum	*Chamaecyparis pisifera* (Sorten)
Acer platanoides 'Columnare'	*Cryptomeria japonica* (Sorten)
Acer platanoides 'Drummondi'	*Cupressocyparis leylandii*
Acer platanoides 'Globosum'	*Cupressocyparis leylandii* 'Castlewellan Gold'
Acer rubrum (Sorten)	*Cupressocyparis leylandii* 'Leighton Green'
Acer rufinerve	*Juniperus communis*
Alnus cordata	*Juniperus chinensis* 'Keteleerii'
Alnus incana 'Aurea'	*Juniperus scopulorum* (Sorten)
Amelanchier rotundifolia	*Juniperus virgiana* 'Canaertii'
Betula albosinensis	*Juniperus virgiana* 'Glauca'
Betula ermanii	*Larix decidua* 'Pendula'
Betula pendula 'Dalecarlica'	*Larix kaempferi* 'Pendula'

Laubgehölze	Nadelgehölze
Betula pendula 'Purpurea'	*Picea abies* (Sorten)
Betula pendula 'Youngii'	*Picea breweriana*
Betula platyphylla japonica	*Picea glauca*
Betula utilis 'Doorenbos'	*Picea omorika* 'Pendula'
Carpinus betulus 'Columnaris'	*Picea orientalis* 'Aurea'
Carpinus betulus 'Frans Fontaine'	*Picea pungens* 'Glauca'
Castanea sativa	*Picea pungens* 'Hoopsii'
Catalpa bignonioides (Sorten)	*Picea pungens* 'Koster'
Catalpa bungei	*Picea purpurea*
Cercidiphyllum japonicum	*Pinus aristata*
Cercis siliquastrum	*Pinus cembra*
Cornus controversa	*Pinus contorta*
Cornus mas	*Pinus koraiensis* 'Glauca'
Crataegus crus-galli	*Pinus leucodermis*
Crataegus laevigata (Sorten)	*Pinus mugo*
Crataegus lavallei 'Carrierei'	*Pinus nigra* 'Nana'
Crataegus monogyna	*Pinus parviflora* (Sorten)
Crataegus prunifolia	*Pinus peuce*
Davidia involucrata vilmoriniana	*Pinus sylvestris* (Sorten)
Elaeagnus angustifolia	*Pseudolarix amabilis*
Euodia hupehensis	*Sciadopitis verticillata*
Fagus sylvatica 'Pendula'	*Taxus baccata* (Sorten)
Fagus sylvatica 'Rohanii'	*Thuja occidentalis* (Sorten)
Fagus sylvatica 'Purpurea Pendula'	*Thuja orientalis* (Sorten)
Fraxinus excelsior 'Nana'	*Thuja plicata* (Sorten)
Fraxinus excelsior 'Pendula'	*Thuja standishii*
Fraxinus ornus (Sorten)	*Thujopsis dolabrata*
Gleditsia triacanthos 'Rubylace'	*Tsuga diversifolia*
Gleditsia triacanthos 'Skyline'	*Tsuga mertensiana* (Sorten)

Acer negundo

Kleinbäume unter 10 m

Laubgehölze	Laubgehölze
Gleditsia triacanthos 'Sunburst'	*Pyrus calleryana* (Sorten)
Gymnocladus dioicus	*Pyrus regelii*
Ilex aquifolium 'I.C. van Tol'	*Pyrus salicifolia*
Ilex aquifolium 'Pyramidalis'	*Quercus coccinea*
Koelreuteria paniculata	*Quercus macranthera*
Laburnum watereri 'Vossii'	*Quercus turneri* 'Pseudoturneri'
Liquidambar styraciflua	*Quercus robur* 'Concordia'
Magnolia kobus	*Quercus robur* 'Fastigiata'
Magnolia loebneri (Sorten)	*Rhamnus catharticus*
Magnolia soulangiana	*Rhus glabra*
Magnolia tripetala	*Robinia pseudoacacia* 'Frisia'
Malus (Sorten)	*Robinia pseudoacacia* 'Umbraculifera'
Morus alba	*Salix caprea*
Morus nigra	*Salix daphnoides* 'Praecox'
Nothofagus antarctica	*Salix erythroflexuosa*
Ostrya carpinifolia	*Salix fragilis*
Paulownia tomentosa	*Salix matsudana* 'Tortuosa'
Phellodendron amurense	*Salix pentandra*
Populus lasiocarpa	*Salix viminalis*
Populus simonii	*Sophora japonica* 'Pendula'
Populus tremula	*Sorbus americana*
Prunus 'Accolade'	*Sorbus aria*
Prunus avium 'Plena'	*Sorbus aria* 'Lutescens'
Prunus cerasifera 'Nigra'	*Sorbus aria* 'Magnifica'
Prunus maackii	*Sorbus arnoldiana* 'Golden Wonder'
Prunus mahaleb	*Sorbus arnoldiana* 'Red Tip'
Prunus padus	*Sorbus aucuparia*
Prunus sargentii	*Sorbus aucuparia* 'Fastigiata'
Prunus serotina	*Sorbus aucuparia edulis*
Prunus serrula	*Sorbus decora*
Prunus serrulata 'Amanogawa'	*Sorbus domestica*
Prunus serrulata 'Kanzan'	*Sorbus intermedia*
Prunus serrulata 'Pink Perfection'	*Sorbus latifolia*
Prunus serrulata 'Shidare Sakura'	*Sorbus thuringiaca* 'Fastigiata'
Prunus serrulata 'Shimidsu'	*Sorbus vilmorinii*
Prunus serrulata 'Shirofugen'	*Tilia cordata* 'Rancho'
Prunus serrulata 'Shirotae'	*Tilia euchlora*
Prunus subhirtella 'Autumnalis'	*Ulmus carpinifolia* 'Wredei'
Prunus subhirtella 'Fukubana'	*Ulmus glabra* 'Camperdownii'
Prunus 'Trailblazer'	*Ulmus glabra* 'Pendula'
Prunus yedoensis	

Mittelgroße Bäume von 10 bis 20 m

Laubgehölze

Acer campestre
Acer negundo
Acer platanoides
Acer platanoides 'Cleveland'
Acer platanoides 'Crimson King'
Acer platanoides 'Deborah'
Acer platanoides 'Emerald Queen'
Acer platanoides 'Faassen's Black'
Acer platanoides 'Farlake's Green'
Acer platanoides 'Reitenbachii'
Acer platanoides 'Royal Red'
Acer platanoides 'Schwedleri'
Acer platanoides 'Summershade'
Acer pseudoplatanus
Acer pseudoplatanus 'Erectum'
Acer pseudoplatanus 'Negenia'
Acer pseudoplatanus 'Rotterdam'
Acer rubrum
Acer saccharinum
Acer saccharinum 'Born's Graciosa'
Acer saccharinum 'Wieri'
Aesculus carnea 'Briotii'
Aesculus hippocastanum
Aesculus hippocastanum 'Baumannii'
Ailanthus altissima
Alnus glutinosa
Alnus incana
Alnus spaethii
Betula ermanii
Betula maximowicziana
Betula nigra
Betula papyrifera
Betula pendula
Betula pendula 'Darlecarlica'
Betula pendula 'Tristis'
Betula platyphylla japonica
Betula utilis
Carpinus betulus
Carpinus betulus 'Fastigiata'
Castanea sativa
Catalpa bignonioides
Celtis occidentalis

Nadelgehölze

Abies koreana
Abies procera 'Glauca'
Abies veitchii
Araucaria araucana
Cedrus atlantica 'Glauca'
Cedrus deodara
Cedrus libani
Chamaecyparis nootkatensis 'Aurea'
Chamaecyparis nootkatensis 'Glauca'
Chamaecyparis nootkatensis 'Pendula'
Cupressocyparis leylandii
Ginkgo biloba
Larix decidua
Larix kaempferi
Metasequoia glyptostroboides
Picea abies
Picea breweriana
Picea glauca
Picea omorika
Picea orientalis
Picea orientalis 'Aurea'
Picea pungens
Picea purpurea
Picea sitchensis
Pinus cembra
Pinus bungeana
Pinus contorta
Pinus leucodermis
Pinus nigra nigra
Pinus peuce
Pinus ponderosa
Pinus schwerinii
Pinus silvestris
Pinus strobus
Pinus wallichiana
Pseudolarix amabilis
Pseudotsuga menziesii caesia
Taxus baccata
Thuja occidentalis
Thuja plicata (Sorten)
Tsuga canadensis
Tsuga mertensiana

Mittelgroße Bäume von 10 bis 20 m

Laubgehölze

Corylus colurna
Davidia involucrata vilmoriniana
Fagus sylvatica
Fagus sylvatica 'Asplenifolia'
Fagus sylvatica purpurea
Fagus sylvatica 'Purpurea Pendula'
Fagus sylvatica 'Swat Magret'
Fraxinus angustifolia 'Raywood'
Fraxinus excelsior
Fraxinus excelsior 'Atlas'
Fraxinus excelsior 'Diversifolia'
Fraxinus excelsior 'Doorenbos'
Fraxinus excelsior 'Geessink'
Fraxinus excelsior 'Jaspidea'
Fraxinus excelsior 'Pendula'
Fraxinus excelsior 'Westhof's Glorie'
Gleditsia triacanthos inermis
Gleditsia triacanthos 'Shademaster'
Gleditsia triacanthos 'Skyline'
Gymnocladus dioicus
Juglans nigra
Juglans regia
Liquidambar styraciflua
Liriodendron tulipifera
Paulownia tomentosa
Platanus hispanica
Populus alba 'Nivea'
Populus balsamifera
Populus berolinensis
Populus canescens
Populus lasiocarpa
Populus nigra 'Italica'
Populus simonii
Populus tremula
Prunus avium
Prunus padus
Prunus sargentii
Prunus serotina
Pterocarya fraxinifolia
Quercus cerris
Quercus coccinea
Quercus frainetto
Quercus macranthera
Quercus palustris
Quercus petraea
Quercus robur
Quercus robur 'Fastigiata'
Quercus rubra
Robinia pseudoacacia (Sorten)
Salix alba
Salix alba 'Liempde'
Salix alba 'Tristis'
Salix alba 'Tristis Resistenta'
Salix fragilis
Sophora japonica
Sophora japonica 'Regent'
Sorbus aucuparia
Sorbus intermedia
Sorbus intermedia 'Brouwers'
Tilia americana 'Nova'
Tilia cordata
Tilia cordata 'Erecta'
Tilia cordata 'Greenspire'
Tilia cordata 'Rancho'
Tilia euchlora
Tilia europaea
Tilia europaea 'Pallida'
Tilia flavescens 'Glenleven'
Tilia platyphyllos
Tilia tomentosa
Tilia tomentosa 'Brabant'
Ulmus carpinifolia
Ulmus 'Commelin'
Ulmus glabra
Ulmus 'Groeneveld'
Zelkova serrata

Großbäume über 20 m

Laubgehölze	**Nadelgehölze**
Acer platanoides	*Abies alba*
Acer pseudoplatanus	*Abies concolor*
Acer pseudoplatanus 'Erectum'	*Abies homolepis*
Acer pseudoplatanus 'Negenia'	*Abies nordmanniana*
Acer pseudoplatanus 'Rotterdam'	*Ginkgo biloba*
Acer saccharinum (Sorten)	*Larix decidua*
Aesculus hippocastanum	*Larix kaempferi*
Aesculus hippocastanum 'Baumannii'	*Metasequoia glyptostroboides*
Ailanthus altissima	*Picea abies*
Betula papyrifera	*Picea orientalis*
Betula pendula	*Pinus nigra nigra*
Fagus sylvatica	*Pinus sylvestris*
Fagus sylvatica 'Atropunicea'	*Pinus strobus*

Platanus hispanica

Großbäume über 20 m

Laubgehölze	Nadelgehölze
Fagus sylvatica 'Laciniata'	*Pinus wallichiana*
Fagus sylvatica purpurea	*Pseudotsuga menziesii caesia*
Fagus sylvatica 'Swat Magret'	*Sequoia sempervirens*
Fraxinus excelsior 'Altena'	*Sequoiadendron giganteum*
Fraxinus excelsior 'Westhof's Glorie'	*Taxodium distichum*
Liquidambar styraciflua	*Tsuga heterophylla*
Liriodendron tulipifera	*Tsuga mertensiana*
Platanus hispanica	
Populus alba 'Nivea'	
Populus balsamifera	
Populus berolinensis	
Populus canescens	
Populus nigra 'Italica'	
Quercus cerris	
Quercus frainetto	
Quercus palustris	
Quercus pertraea	
Quercus robur	
Quercus rubra	
Robinia pseudoacacia	
Robinia pseudoacacia 'Sandraudiga'	
Salix alba	
Salix alba 'Liempde'	
Tilia americana 'Nova'	
Tilia europaea	
Tilia platyphyllos	
Tilia tomentosa	
Ulmus carpinifolia	
Ulmus glabra	
Ulmus laevis	

Wuchsformen

Hier wird ein grober Überblick darüber gegeben, welche Form oder welches Wuchsbild die Gehölze nach einigen Standjahren aufzeigen.

Auch dabei sind die Übergänge häufig fließend. So bilden viele als kegelförmig eingestufte Baumarten im Alter eine eher rundliche Krone. Säulenförmige Baumarten – bei den Laubbäumen handelt es sich ausnahmslos um Züchtungen – wachsen im Alter häufig stärker in die Breite. Aus diesem Grund werden einige Gehölze in zwei Kategorien aufgeführt.

Populus nigra italica

Bäume

Säulenförmige Bäume

Laubgehölze	Nadelgehölze
Acer platanoides 'Columnare'	*Calocedrus decurrens*
Acer pseudoplatanus 'Erectum'	*Cephalotaxus harringtonia* 'Fastigiata'
Acer rubrum 'Armstrong'	*Chamaecparis lawsoniana* 'Alumii'
Acer rubrum 'Scanlon'	*Chamaecparis lawsoniana* 'Alumigold'
Betula pendula 'Fastigiata'	*Chamaecparis lawsoniana* 'Columnaris'
Carpinus betulus 'Fastigiata'	*Chamaecparis lawsoniana* 'Ellwood's Pillar'
Carpinus betulus 'Columnaris'	*Chamaecparis lawsoniana* 'Fletcheri'
Carpinus betulus 'Frans Fontaine'	*Chamaecparis lawsoniana* 'Kelleriis Gold'
Carpinus betulus 'Monumentalis'	*Cupressocyparis leylandii* (Sorten)
Crataegus monogyna 'Stricta'	*Cupressus sempervirens* 'Stricta'
Fagus sylvatica 'Dawyck'	*Ginkgo biloba* 'Fastigiata'
Ilex crenata 'Fastigiata'	*Juniperus chinensis* 'Keteleerii'
Liriodendron tulipifera 'Fastigiata'	*Juniperus communis* 'Compressa'
Populus nigra 'Italica'	*Juniperus communis* 'Hibernica'
Populus simonii 'Fastigiata'	*Juniperus communis* 'Suecica'
Populus tremula 'Erecta'	*Juniperus scopulorum* 'Skyrocket'
Prunus serrulata 'Amanogawa'	*Picea abies* 'Columnaris'
Quercus robur 'Fastigiata Koster'	*Pinus sylvestris* 'Fastigiata'
Robinia pseudoacacia 'Pyramidalis'	*Sciadopitys verticillata*
Sorbus aucuparia 'Fastigiata'	*Taxodium distichum*
Sorbus thuringiaca 'Fastigiata'	*Taxus baccata* 'Fastigiata'
Ulmus carpinifolia 'Wredei'	*Taxus baccata* 'Fastigiata Robusta'
	Taxus baccata 'Melfard'
	Thuja occidentalis 'Columna'
	Thuja occidentalis 'Holmstrup'
	Thuja occidentalis 'Smaragd'
	Thuja orientalis 'Pyramidalis Aurea'

Kegelförmige Bäume

Krone höher als breit

Laubgehölze	Nadelgehölze
Acer campestre	*Abies alba* 'Pyramidalis'
Acer platanoides 'Cleveland'	*Abies koreana*
Acer platanoides 'Columnare'	*Abies lasiocarpa* 'Compacta'
Acer pseudoplatanus	*Cedrus atlantica* 'Fastigiata'
Acer pseudoplatanus 'Erectum'	*Chamaecyparis lawsoniana* 'Ellwoodii'

Laubgehölze

Acer rubrum
Acer rufinerve
Acer saccharinum 'Wieri'
Aesculus carnea 'Briotii'
Aesculus hippocastanum
Aesculus hippocastanum 'Baumannii'
Alnus cordata
Alnus glutinosa
Alnus incana
Alnus incana 'Aurea'
Betula albosinensis
Betula ermanii
Betula maximowicziana
Betula nigra
Betula papyrifera
Betula pendula
Betula pendula 'Dalecarlica'
Betula pendula 'Tristis'
Betula pendula 'Purpurea'
Betula platyphylla japonica
Betula utilis
Carpinus betulus
Carpinus betulus 'Fastigiata'
Cercidiphyllum japonicum
Corylus colurna
Crataegus prunifolia
Davidia involucrata vilmoriniana
Fagus sylvatica
Fagus sylvatica 'Atropunicea'
Fagus sylvatica 'Swat Magret'
Fraxinus excelsior
Fraxinus excelsior 'Diversifolia'
Fraxinus excelsior 'Doorenbos'
Fraxinus excelsior 'Westhof's Glorie'
Gleditsia triacanthos
Gleditsia triacanthos 'Skyline'
Gleditsia triacanthos 'Sunburst'
Liquidabar styraciflua
Liriodendron tulipifera
Magnolia kobus
Malus 'Eleyi'
Malus 'Nicoline'
Nothofagus antarctica

Nadelgehölze

Chamaecyparis lawsoniana 'Glauca Spek'
Chamaecyparis lawsoniana 'Golden Wonder'
Chamaecyparis lawsoniana 'Silver Queen'
Chamaecyparis lawsoniana 'Stewartii'
Chamaecyparis lawsoniana 'Triomf van Boskoop'
Chamaecyparis nootkatensis
Chamaecyparis nootkatensis 'Glauca'
Cryptomeria japonica 'Compacta'
Ginkgo biloba 'Princeton Sentry'
Juniperus chinensis 'Obelisk'
Juniperus chinensis 'Spartan'
Juniperus virginiana 'Canaertii'
Picea glauca 'Conica'
Picea glauca 'Laurin'
Picea omorika
Picea omorika 'Nana'
Pinus leucodermis 'Compact Gem'
Pinus nigra 'Pyramidalis'
Pinus wallichiana 'Densa Hill'
Sciadopitys verticillata
Sequoiadendron giganteum
Sequoiadendron giganteum 'Glaucum'
Taxus baccata 'Overeynderi'
Thuja occidentalis
Thuja occidentalis 'Brabant'
Thuja occidentalis 'Sunkist'
Thuja plicata 'Atrovirens'
Thuja plicata 'Aurescens'
Thuja plicata 'Excelsa'
Thujopsis dolobrata

Kegelförmige Bäume

Laubgehölze	Nadelgehölze
Populus alba 'Nivea'	*Salix fragilis*
Populus balsamifera	*Salix matsudana* 'Tortuosa'
Populus berolinensis	*Sorbus aria*
Populus canadensis 'Robusta'	*Sorbus aria* 'Lutescens'
Populus canescens	*Sorbus aria* 'Magnifica'
Populus simonii	*Sorbus aucuparia edulis*
Prunus avium	*Sorbus latifolia*
Prunus padus	*Tilia americana* 'Nova'
Prunus serotina	*Tilia cordata*
Pyrus communis	*Tilia cordata* 'Greenspire'
Quercus cerris	*Tilia euchlora*
Quercus frainetto	*Tilia europaea*
Quercus macranthera	*Tilia europaea* 'Pallida'
Quercus palustris	*Tilia flavescens* 'Glenleven'
Quercus petraea	*Tilia platyphyllos*
Quercus robur	*Tilia tomentosa*
Robinia pseudoacacia 'Bessoniana'	*Ulmus carpinifolia*
Robinia pseudoacacia 'Frisia'	*Ulmus glabra*
Robinia pseudoacacia 'Monophylla'	*Ulmus hollandica* 'Commelin'
Robinia pseudoacacia 'Tortuosa'	*Ulmus hollandica* 'Groeneveld'
Salix alba	*Ulmus* 'New Horizon'
Salix alba 'Liempde'	*Ulmus* 'Regal'

Thujopsis dolobrata

Kugelförmige Bäume

Laubgehölze

Acer cappadocicum 'Rubrum'
Acer negundo (Sorten)
Acer platanoides
Acer platanoides 'Crimson King'
Acer platanoides 'Emerald Queen'
Acer platanoides 'Faassen's Black'
Acer platanoides 'Globosum
Acer platanoides 'Reinbachii'
Acer platanoides 'Schwedleri'
Acer platanoides 'Summershade'
Acer pseudoplatanus 'Negenia'
Acer pseudoplatanus 'Rotterdam'
Aesculus carnea 'Briotii'
Betula albosinensis
Castanea sativa
Catalpa bignonioides
Catalpa bignonioides 'Nana'
Crataegus crus-galli
Crataegus laevigata 'Paul's Scarlet'
Crataegus lavallei 'Carrierei'
Fagus sylvatica
Fagus sylvatica 'Asplenifolia'
Fraxinus excelsior 'Nana'
Fraxinus ornus
Juglans nigra
Koelreuteria paniculata
Malus 'Aldenhamensis'
Malus 'Almey'

Laubgehölze

Malus 'Hillieri'
Malus 'John Downie'
Morus alba
Paulownia tomentosa
Phellodendron amurense
Platanus hispanica
Populus lasiocarpa
Prunus avium 'Plena'
Prunus cerasifera 'Nigra'
Prunus mahaleb
Pterocarya fraxinifolia
Pyrus salicifolia
Quercus coccinea
Quercus frainetto
Quercus turneri 'Pseudoturneri'
Quercus rubra
Robinia pseudodoacacia
Robinia pseudoacacia 'Frisia'
Robinia pseudoacacia 'Umbraculifera'
Salix alba
Salix erythroflexuosa
Salix fragilis
Sophora japonica
Sorbus aucuparia
Sorbus intermedia
Tilia cordata
Ulmus glabra

Nadelgehölze

Chamaecyparis lawsoniana 'Forsteckensis'
Chamaecyparis lawsoniana 'Green Globe'
Chamaecyparis lawsoniana 'Minima Glauca'
Chamaecyparis lawsoniana 'Tharandtensis Caesia'
Chamaecyparis obtusa 'Minima'
Chamaecyparis pisifera 'Nana'

Nadelgehölze

Cryptomeria japonica 'Vilmoriniana'
Juniperus communis 'Echiniformis'
Juniperus virginiana 'Globosa'
Picea abies 'Pygmaea'
Picea glauca 'Alberta Globe'
Thuja occidentalis 'Danica'
Thuja occidentalis 'Recurva Nana'

Breitkronige Bäume

Krone breiter als hoch

Laubgehölze

Acer pensylvanicum
Aesculus carnea 'Briotii'
Aesculus hippocastanum
Aesculus hippocastanum 'Baumannii'
Ailanthus altissima
Castanea sativa
Catalpa bignonioides
Crataegus crus-galli
Fraxinus ornus

Laubgehölze

Juglans regia
Phellodendron amurense
Prunus sargentii
Prunus serrulata 'Shirotae'
Prunus subhirtella
Prunus yedoensis
Pterocarya fraxinifolia

Schirmförmige Bäume

Laubgehölze

Acer palmatum
Betula pendula 'Youngii'
Carpinus betulus 'Horizontalis'
Crataegus crus-galli
Crataegus lavallei 'Carrierei'
Euodia (Arten)
Fagus sylvatica suentelensis
Fagus sylvatica 'Tortuosa'
Fraxinus excelsior 'Pendula'
Gleditsia triacanthos
Koelreuteria paniculata
Lonicera maackii
Malus 'Hillieri'
Malus toringo
Phellodendron amurense
Prunus 'Accolade'
Prunus sargentii
Prunus serrulata 'Shirofugen'
Prunus serrulata 'Shirotae'
Prunus subhirtella 'Fukubana'
Prunus yedoensis
Robinia pseudoacacia 'Tortuosa'
Sorbus serotina
Ulmus hybride 'Jacqueline Hillier'
Ulmus glabra 'Pendula'

Nadelgehölze

Cedrus atlantica 'Glauca'
Cedrus libani
Ginkgo biloba 'Pendula'
Pinus densiflora 'Umbraculifera'
Pinus nigra nigra
Pinus sylvestris
Pinus sylvestris 'Watereri'

Hängeformen

Laubgehölze	Nadelgehölze
Alnus incana 'Pendula'	*Abies alba* 'Pendula'
Betula pendula 'Tristis'	*Abies veitchii* 'Pendula'
Betula pendula 'Youngii'	*Cedrus atlantica* 'Glauca Pendula'
Caragana arborescens 'Pendula'	*Cedrus deodara* 'Pendula'
Caragana arborescens 'Walker'	*Cedrus libani* 'Pendula'
Fagus sylvatica 'Pendula'	*Chamaecyparis lawsoniana* 'Pendula'
Fagus sylvatica 'Purpurea Pendula'	*Chamaecyparis nootkatensis* 'Pendula'
Fraxinus excelsior 'Pendula'	*Chamaecyparis pisifera* 'Filifera Nana'
Gleditsia triacanthos 'Pendula'	*Ginkgo biloba* 'Pendula'
Malus 'Red Jade'	*Juniperus communis* 'Horstmann'
Morus alba 'Pendula'	*Juniperus virginiana* 'Pendula'
Prunus serrulata 'Shidare Sakura'	*Larix decidua* 'Pendula'
Prunus subhirtella 'Pendula'	*Larix kaempferi* 'Pendula'
Pyrus salicifolia 'Pendula'	*Picea abies* 'Inversa'
Salix alba 'Tristis'	*Picea abies* 'Pendula'
Salix alba 'Tristis Resistenta'	*Picea omorika* 'Pendula'
Salix caprea 'Pendula'	*Pinus monticola* 'Pendula'
Salix erythroflexuosa	*Pinus strobus* 'Pendula'
Salix purpurea 'Pendula'	*Sequoiadendron giganteum* 'Pendulum'
Ulmus glabra 'Pendula'	*Tsuga canadensis* 'Pendula'
Ulmus glabra 'Camperdownii'	

Bizarre Wuchsformen

Laubgehölze	Nadelgehölze
Acer saccharinum 'Wieri'	*Abies procera* 'Glauca'
Aesculus hippocastanum 'Monstrosa'	*Cryptomeria japonica* 'Cristata'
Ailanthus altissima	*Larix kaempferi* 'Diana'
Aralia elata (Sorten)	*Picea abies* 'Dicksonii'
Cornus controversa	*Picea abies* 'Virgata'
Corylus avellana 'Contorta'	*Picea omorika* 'Pendula'
Gymnocladus dioicus	
Fagus sylvatica 'Tortuosa'	
Fagus sylvatica suentelensis	
Laburnum watereri 'Vossii'	
Nothofagus antarctica	
Paulownia tomentosa	
Pterocarya fraxinifolia	
Robinia pseudoacacia 'Tortuosa'	
Ulmus hollandica 'Jaqueline Hillier'	

Malerische Wuchsformen – Solitärpflanzen

Laubgehölze	Nadelgehölze
Acer griseum	*Cedrus* (Arten/Sorten)
Acer japonicum 'Aconitifolium'	*Ginkgo biloba* (Sorten)
Acer neglectum 'Annae'	*Juniperus communis* 'Horstmann'
Acer palmatum (Sorten)	*Larix decidua* 'Pendula'
Amelanchier laevis	*Larix kaempferi* 'Pendula'
Amelanchier rotundifilia	*Picea breweriana*
Betula ermanii	*Pinus mugo*
Betula nigra	*Pinus parviflora* (Sorten)
Betula pendula 'Tristis'	*Pinus sylvestris* (Sorten)
Catalpa bignonioides	*Pinus wallichiana*
Cercidiphyllum japonicum	*Pseudolarix amabilis*
Cornus controversa	*Taxus baccata* 'Dovastoniana'
Cornus florida (Sorten)	*Taxus baccata* 'Dovastonii Aurea'
Cornus kousa (Sorten)	
Cotinus coggygria (Sorten)	
Crataegus crus-galli	
Crataegus laevigata (Sorten)	
Crataegus lavallei 'Carierei'	
Crataegus monogyna	
Cydonia oblonga	
Elaeagnus angustifolia	
Enkianthus campanulatus	
Gleditsia triacanthos (Sorten)	
Hamamelis (Arten/Sorten)	
Juglans regia	
Koelreuteria paniculata	
Magnolia (Arten/Sorten)	
Malus (Zieräpfel)	
Mespilus germanica	
Nothofagus antarcticus	
Parrotia persica	
Paulownia tomentosa	
Phellodendron amurense	
Pieris japonica	
Salix acutifolia 'Pendulifolia'	
Salix alba 'Sericea'	
Sophora japonica	
Sorbus serotina	

Salix alba

Sträucher

straff aufrecht wachsend	breit bis überhängend wachsend
Acanthopanax sieboldianus	*Acer ginnala*
Alnus viridis	*Aesculus parviflora*
Amorpha fruticosa	*Amelanchier laevis*
Aralia elata	*Amelanchier rotundifolia*
Buxus sempervirens 'Handworthiensis'	*Berberis candidula*
Callicarpa bodinieri giraldii	*Berberis gagnepainii lanceifolia*
Caragana arborescens	*Berberis gagnepainii* 'Klugowskiana'
Chaenomeles lagenaria	*Berberis julianae*
Clethra alnifolia 'Rosea'	*Berberis media* 'Parkjuwel'
Colutea arborescens	*Berberis stenophylla*
Cornus florida 'Rubra'	*Berberis thunbergii*

Laburnum anagyroides 'Vossii'

straff aufrecht wachsend	breit bis überhängend wachsend
Cornus kousa	*Berberis thunbergii* 'Atropurpurea'
Cornus mas	*Berberis wilsoniae subcauliata*
Cotinus coggygria (Sorten)	*Buddleia alternifolia*
Daphne mezereum (Sorten)	*Buddleia davidii* (Sorten)
Decaisnea fargesii	*Calycanthus floridus*
Deutzia magnifica	*Caryopteris* 'Kew Blue'
Deutzia scabra 'Candidissima'	*Chaenomeles* (Arten/Sorten)
Deutzia scabra 'Plena'	*Cornus alba*
Elaeagnus ebbingei	*Cornus sanguinea*
Elaeagnus multiflora	*Cornus stolonifera* 'Flaviramea'
Enkianthus campanulatus	*Corylopsis pauciflora*
Euonymus europaeus	*Corylopsis spicata*
Euonymus planipes	*Corylus avellana*
Euonymus yedoensis	*Corylus avellana* 'Contorta'
Exochorda (Arten)	*Cotinus coggygria* (Sorten)
Halesia (Arten)	*Cotoneaster acutifolius*
Hamamelis (Arten/Sorten)	*Cotoneaster dielsianus*
Hibiscus (Sorten)	*Cotoneaster divaricatus*
Hippophae rhamnoides	*Cotoneaster franchetii*
Hydrangea aspera aspera	*Cotoneaster multiflorus*
Hydrangea sargentiana	*Cotoneaster salicifolius floccosus*
Kalmia angustifolia 'Rubra'	*Cotoneaster sternianus*
Kalopanax pictus maximowiczii	*Cotoneaster watereri* (Sorten)
Kerria japonica 'Pleniflora'	*Crataegus monogyna*
Laburnum (Arten/Sorten)	*Cytisus* (Arten/Sorten)
Ligustrum ovalifolium	*Deutzia kalmiiflora*
Ligustrum ovalifolium 'Aureum'	*Deutzia* 'Mont Rose'
Magnolia sieboldii	*Deutzia rosea*
Mahonia bealei	*Elaeagnus commutata*
Philadelphus 'Erectus'	*Elaeagnus multiflora*
Philadelphus 'Girandole'	*Euonymus alatus*
Philadelphus 'Schneesturm'	*Forsythia* (Sorten)
Philadelphus 'Virginal'	*Fothergilla major*
Prunus triloba	*Fothergilla monticola*
Pyracantha 'Orange Charmer'	*Genista tinctoria*
Pyracantha 'Orange Glow'	*Hedera colchica* 'Arborescens'
Pyracantha 'Red Column'	*Hedera helix* 'Arborescens'
Rhamnus frangula	*Holodiscus discolor ariifolius*
Rhus typhina	*Hydrangea arborescens* 'Grandiflora'
Ribes sanguineum (Sorten)	*Hydrangea* (Hybriden)
Robinia hispida (Sorten)	*Hypericum* 'Hidcote'
Rubus odoratus	*Ilex crenata* 'Convexa'
Rubus phoenicolasius	*Ilex crenata* 'Golden Gem'

Sträucher

straff aufrecht wachsend	breit bis überhängend wachsend
Salix caprea 'Silberglanz'	*Ilex crenata* 'Rotundifolia'
Salix hastata 'Wehrhahnii'	*Jasminum nudiflorum*
Salix smithiana	*Kalmia latifolia*
Sambucus nigra	*Kerria japonica*
Sambucus racemosa	*Kolkwitzia amabilis*
Sorbus koehneana	*Lavandula angustifolia*
Staphylea colchica	*Lespedeza thunbergii*
Stranvaesia davidiana	*Leucothoe catesbaei*
Syringa josikaea	*Ligustrum obtusifolium regelianum*
Syringa reflexa	*Ligustrum vulgare*
Syringa swegiflexa	*Ligustrum vulgare* 'Atrovirens'
Syringa vulgaris (Sorten)	*Ligustrum vulgare* 'Lodense'
Tamarix pentandra	*Lonicera* (Arten/Sorten)
Tamarix ramosissima	*Lycium barbarum*
Viburnum fragrans	*Malus sargentii*
Viburnum lantana	*Philadelphus* 'Belle Etoile'

Kerria japonica

breit bis überhängend wachsend	**breit bis überhängend wachsend**
Philadelphus 'Bouquet Blanc'	*Salix repens argentea*
Philadelphus inodorus grandiflorus	*Salix rosmarinifolia*
Photinia villosa	*Sorbaria sorbifolia*
Potentilla fruticosus (Sorten)	*Spiraea arguta*
Prunus cistena	*Spiraea cinerea* 'Grefsheim'
Prunus laurocerasus 'Otto Luyken'	*Spiraea nipponica*
Prunus laurocerasus 'Schipkaensis Macrophylla'	*Spiraea prunifolia*
Prunus laurocerasus 'Zabeliana'	*Spiraea thunbergii*
Pyracantha (Sorten)	*Spiraea vanhouttei*
Rhododendron, großblumige Sorten	*Stephanandra incisa*
Rhododendron repens (Sorten)	*Symphoricarpos chenaultii*
Rhododendron williamsianum (Sorten)	*Symphoricarpos chenaultii* 'Hancock'
Rhododendron yakushimanum (Sorten)	*Symphoricarpos doorenbosii* 'Magic Berry'
Rhodotypos scandens	*Symphoricarpos doorenbosii* 'Mother of Pearl'
Ribes alpinum	*Symphoricarpos orbiculatus*
Ribes aureum	*Syringa chinensis*
Rosa multiflora	*Syringa microphylla* 'Superba'
Rubus fruticosus	*Viburnum burkwoodii*
Salix balsamifera mas	*Viburnum opulus*
Salix cinerea	*Viburnum opulus* 'Roseum'
Salix elaeagnos	*Viburnum plicatum*
Salix hastata 'Wehrhahnii'	*Viburnum plicatum* 'Mariesii'
Salix purpurea 'Nana'	*Weigela* (Sorten)

Belaubung

Die Laubfarbe ist ein schmückendes Element der Pflanze.

Während des Austriebs im Frühjahr sowie während der Vegetationsperiode im Sommer behält das Laub in der Regel seine Farbe. Gegen Ende der Vegetationsperiode, im Herbst, ändert sich die Farbe meistens ins Gelbe oder Rötliche.

Die Intensität der herbstlichen Laubfärbung vor dem Blattfall ändert sich häufig von Jahr zu Jahr und von Standort zu Standort.

Ausschlaggebend dafür ist der Klimaverlauf ab Spätsommer – eine gewisse Bodentrockenheit und ein sonnenreicher Herbst fördern bei vielen Arten die Farbintensität.

Auch der pH-Wert eines Bodens scheint die Herbstfärbung zu beeinflussen, so lässt sich in jedem Jahr an Standorten mit niedrigen pH-Werten eine besonders intensive braunrote Färbung beobachten. Dies gilt auch für die Winterfärbungen an einigen immergrünen Laub- und Nadelgehölzen.

Unterschieden wird in sommergrüne Gehölze, die im Herbst ihre Blätter verlieren, in immergrüne Gehölze, an denen ihr Laub oder ihre Nadeln über Jahre haften bleibt, sowie in wintergrüne Gehölze, die das Vorjahreslaub erst mit dem Neuaustrieb im Frühjahr verlieren.

Die Tabelle ist nach der auffälligen Herbstfärbung sortiert.

Cotinus coggygria 'Royal Purple'

Laubfärbung – Herbstfärbung bei Laubgehölzen

Art	Austrieb	Laubfarbe	Herbstfarbe	Immergrün/ Sommergrün
Acanthopanax sieboldianus	f			S
Acer campestre			gelb-orange	S
Acer capillipes			rötlich	S
Acer cappadodicicum 'Rubrum'		rötlich	gelb-orange	S
Acer ginnala			rötlich	S
Acer japonicum 'Aconitifolium'			rötlich	S
Acer japonicum 'Aureum'		gelb		S
Acer neglectum 'Annae'		rötlich		S
Acer negundo 'Aureovariegatum'		gelbbunt	gelb-orange	S
Acer negundo 'Odessanum'		gelb	gelb-orange	S
Acer negundo 'Variegatum'		weißbunt	gelb-orange	S
Acer negundo			gelb-orange	S
Acer palmatum 'Atropurpureum'		schwarzrot	rötlich	S
Acer palmatum 'Dissectum Atropurpureum'		rötlich		S
Acer palmatum 'Dissectum Garnet'		schwarzrot		S
Acer palmatum 'Dissectum Nigrum'		schwarzrot		S
Acer palmatum 'Osakazuki'			gelb-orange	S
Acer palmatum			rötlich	S
Acer pensylvanicum			gelb-orange	S
Acer platanoides 'Cleveland'		hellgrün	gelb-orange	S
Acer platanoides 'Crimson King'		schwarzrot		S
Acer platanoides 'Deborah'		rot	gelb	S
Acer platanoides 'Faassen's Black'		schwarzrot	rötlich	S
Acer platanoides 'Globosum'		bronze	gelb-orange	S
Acer platanoides 'Reitenbachii'		schwarzrot	rötlich	S
Acer platanoides 'Royal Red'		rot	orange	S
Acer platanoides 'Schwedleri'		rötlich	gelb-orange	S
Acer platanoides	f	grün	gelb-orange	S
Acer pseudoplatanus 'Erectum'			gelb-orange	S
Acer pseudoplatanus 'Negenia'			gelb-orange	S
Acer pseudoplatanus			gelb-orange	S
Acer rubrum (Sorten)	f		rötlich	S
Acer rufinerve			gelb-orange	S
Acer saccharinum 'Wieri'		silbrig	gelb	S
Acer saccharinum		silbrig	gelb	S
Aesculus carnea 'Briotii'			gelb-orange	S
Aesculus hippocastanum 'Baumannii'			gelb-orange	S
Aesculus hippocastanum			gelb-orange	S
Aesculus parviflora			gelb-orange	S
Ailanthus altissima	s		gelb	S

Austrieb: f früh, s spät, S sommergrün, I Immergrün, W wintergrün

Laubfärbung – Herbstfärbung bei Laubgehölzen

Art	Austrieb	Laubfarbe	Herbstfarbe	Immergrün/ Sommergrün
Alnus glutinosa				S
Alnus incana 'Aurea'		gelb		S
Alnus incana				S
Amelanchier laevis	f		rötlich	S
Amelanchier rotundifolia	f		rötlich	S
Amorpha fruticosa	s			S
Aralia elata 'Variegata'		weißbunt	gelb	S
Aralia elata	s		gelb	S
Arctostaphylos uva-ursi				S
Aronia (Arten/Sorten)			orangerot	S
Berberis buxifolia 'Nana'		rötlich		I
Berberis candidula				I
Berberis frikartii (Sorten)				I
Berberis gagnepainii 'Klugowskiana'				I
Berberis gagnepainii lanceifolia			rötlich	I
Berberis hookeri				I
Berberis julianae				I
Berberis media (Sorten)				W
Berberis ottawensis 'Superba'		rötlich	rötlich	S
Berberis stenophylla				W
Berberis thunbergii 'Atropurpurea Nana'	f	rötlich	rötlich	S
Berberis thunbergii 'Atropurpurea'	f	rötlich	rötlich	S
Berberis thunbergii 'Bagatelle'	f	schwarz-rot	rötlich	S
Berberis thunbergii 'Red Chief'	f	rötlich	rötlich	S
Berberis thunbergii	f		rötlich	S
Berberis verruculosa			rötlich	I
Berberis wilsoniae subcauliata			rötlich	S
Betula ermanii	f		gelb-orange	S
Betula pendula (Sorten)	f		gelb-orange	S
Betula pendula 'Purpurea'	f	rötlich	gelb-orange	S
Betula platyphylla japonica			gelb-orange	S
Buddleia (Sorten)	f			S
Buxus sempervirens (Sorten)				I
Callicarpa bodinieri giraldii	s		gelb-orange	S
Calluna vulgaris (Sorten)				I
Calluna vulgaris 'Aurea'		gelb		I
Calluna vulgaris 'Gold Haze'		gelb		I
Calycanthus floridus	s			S
Campsis (Arten/Sorten)	s		gelb	S
Caragana arborescens	f			S

Austrieb: f früh, s spät; S sommergrün, I Immergrün, W wintergrün

Art	Austrieb	Laubfarbe	Herbstfarbe	Immergrün/ Sommergrün
Carpinus betulus 'Fastigiata'			gelb-orange	S
Carpinus betulus			gelb-orange	S
Caryopteris (Sorten)		silbrig		S
Castanea sativa	s		gelb-orange	S
Catalpa bignonioides 'Nana'			gelb-orange	S
Catalpa bignonioides	s		gelb-orange	S
Celastrus orbiculatus	S		gelb	S
Cercidiphyllum japonicum	f		gelb-orange	S
Cercis siliquastrum	s		gelb-orange	S
Chaenomeles (Arten/Sorten)	f			S
Chionanthus virginicus	s		gelb-orange	S
Clematis (Arten/Sorten)	F		gelb	S
Clethra alnifolia	s		gelb-orange	S
Colutea arborescens				S
Cornus alba 'Argenteomarginata'		weißbunt	rötlich	S
Cornus alba 'Gouchaultii'		gelbbunt	rötlich	S
Cornus alba 'Sibirica'			rötlich	S
Cornus alba 'Spaethii'		gelbbunt	rötlich	S
Cornus alba			gelb-orange	S
Cornus canadensis			rötlich	W
Cornus florida 'Rubra'	s		rötlich	S
Cornus florida	s		rötlich	S
Cornus kousa chinensis	s		rötlich	S
Cornus kousa	s		rötlich	S
Cornus mas			rötlich	S
Cornus sanguinea			rötlich	S
Cornus stolonifera 'Flaviramea'			gelb	S
Corylopsis (Arten)			gelb-orange	S
Corylus avellana	f		gelb-orange	S
Corylus colurna			gelb	S
Corylus maxima 'Purpurea'		schwarzrot	rotbraun	S
Corylus 'Rotblättrige Zellernuss'		rötlich	rotbraun	S
Cotinus coggygria 'Royal Purple'	s	schwarzrot	rot	S
Cotinus coggygria 'Rubrifolius'	s	rötlich	rot	S
Cotinus coggygria	s		rötlich	S
Cotoneaster acutifolius	f		rötlich	S
Cotoneaster adpressus	f		rötlich	S
Cotoneaster bullatus	f		rötlich	S
Cotoneaster dammeri 'Coral Beauty'			gelborange	I
Cotoneaster dammeri 'Eichholz'			gelborange	I
Cotoneaster dammeri 'Jürgl'			gelborange	I

Austrieb: f früh, s spät; S sommergrün, I Immergrün, W wintergrün

Laubfärbung – Herbstfärbung bei Laubgehölzen

Art	Austrieb	Laubfarbe	Herbstfarbe	Immergrün/ Sommergrün
Cotoneaster dammeri radicans			gelborange	I
Cotoneaster dammeri 'Skogholm'			gelborange	I
Cotoneaster dielsianus	f		gelborange	S
Cotoneaster divaricatus	f		rötlich	S
Cotoneaster franchetii	f	silbrig	gelb-orange	S
Cotoneaster horizontalis	f		rötlich	S
Cotoneaster microphylla 'Cochleatus'			gelb-orange	I
Cotoneaster microphylla 'Streib's Findling'			gelborange	I
Cotoneaster multiflorus	f		rötlich	S
Cotoneaster praecox	f		rötlich	S
Cotoneaster salicifolius floccosus			gelb-orange	I
Cotoneaster salicifolius 'Herbstfeuer'			gelb-orange	I
Cotoneaster salicifolius 'Parkteppich'			gelb-orange	I
Cotoneaster salicifolius 'Repens'			gelb-orange	I
Cotoneaster sternianus	f	silbrig	gelb-orange	S
Cotoneaster watereri (Sorten)			gelb-rot	W
Crataegus coccinea	f		Rötlich	S
Crataegus crus-galli			rötlich	S
Crataegus lavallei 'Carrierei'			rötlich	S
Crataegus monogyna	f		gelb	S
Crataegus prunifolia			gelb-orange	S
Daphne burkwoodii 'Somerset'				S
Daphne cneorum				I
Daphne mezereum			gelb	S
Davidia involucrata vilmoriniana			gelb-orange	S
Decaisnea fargesii	f		gelb-orange	S
Deutzia gracilis	f		gelb	S
Elaeagnus angustifolia	f	silbrig		S
Elaeagnus commutata		silbrig		S
Elaeagnus ebbingei				I
Elaeagnus multiflora	f			
Elaeagnus pungens 'Maculata'		gelbbunt		I
Empetrum nigrum				I
Enkianthus campanulatus			gelb-orange	S
Erica (Arten/Sorten)				I
Euonymus alatus			rötlich	S
Euonymus europaeus	f		rötlich	S
Euonymus fortunei 'Coloratus'			rötlich	I
Euonymus fortunei 'Emerald Gaiety'		weißbunt		I
Euonymus fortunei 'Emerald'n Gold'		gelbbunt	rötlich	I

Austrieb: f früh, s spät; S sommergrün, I Immergrün, W wintergrün

Art	Austrieb	Laubfarbe	Herbstfarbe	Immergrün/ Sommergrün
Euonymus fortunei 'Gracilis'		weißbunt		I
Euonymus fortunei vegetus				I
Euonymus planipes	f		rötlich	S
Euonymus yedoensis			rötlich	S
Exochorda (Arten)	f			S
Fagus sylvatica 'Atropunicea'	s	schwarzrot	rötlich	S
Fagus sylvatica 'Purpurea Pendula'	s	schwarzrot	rötlich	S
Fagus sylvatica purpurea	s	rötlich	rötlich	S
Fagus sylvatica 'Swat Magret'	s	schwarzrot	rötlich	S
Fagus sylvatica	s		gelb-orange	S
Fargesia murieliae (Sorten)				I
Fargesia nitida				I
Fothergilla major			rötlich	S
Fraxinus angustifolia 'Raywood'			violettbraum	S
Fraxinus excelsior 'Diversifolia'			gelb-orange	S
Fraxinus excelsior			gelb-orange	S
Fraxinus ornus			gelb-orange	S
Gaultheria procumbens			rötlich	I
Gaultheria shallon				I
Gleditsia triacanthos 'Sunburst'	s	gelb	gelb-orange	S
Gleditsia triacanthos	s		gelb-orange	S
Gymnocladus dioicus	s		gelb-orange	S
Halesia carolina			gelb-orange	S
Hamamelis (Arten/Sorten)			gelb-orange	S
Hedera (Arten/Sorten)				I
Hedera helix 'Goldheart'		gelbbunt		I
Hibiscus (Sorten)	s			S
Hippophae rhamnoides		silbrig		S
Hydrangea arborescens 'Grandiflora'	f		gelb-orange	S
Hydrangea paniculata 'Grandiflora'	f		gelb-orange	S
Hydrangea petiolaris	f			S
Hydrangea sargentiana				S
Hypericum calycinum				W
Hypericum 'Hidcote'				W
Hypericum moserianum				S
Ilex aquifolium 'Golden King'		gelbbunt		I
Ilex aquifolium (Sorten)				I
Ilex crenata 'Golden Gem'		gelbbunt		I
Ilex meserveae (Sorten)				I
Jasminum nudiflorum	f			W
Juglans (Arten/Sorten)	s		gelb	S

Austrieb: f früh, s spät; S sommergrün, I Immergrün, W wintergrün

Laubfärbung – Herbstfärbung bei Laubgehölzen

Art	Austrieb	Laubfarbe	Herbstfarbe	Immergrün/ Sommergrün
Kalmia angustifolia 'Rubra'				I
Kalmia latifolia				I
Kalopanax pictus maximowiczii				S
Kerria japonica (Sorten)	f		gelb-orange	S
Koelreuteria panicolata	f		gelb-orange	S
Kolkwitzia amabilis			rötlich	S
Laburnum anagyroides				S
Lavandula angustifolia		silbrig		S
Leucothoe catesbaei			rötlich	I
Ligustrum ibolium	f			W
Ligustrum obtusifolium regelianum			rötlich	S
Ligustrum ovalifolium 'Aureum'		gelbbunt		W
Ligustrum ovalifolium				W
Ligustrum vulgare				W
Ligustrum vulgaris 'Lodense'	f			S
Liquidambar styraciflua	s		rot-orange	S
Liriodendron tulipifera			gelb-orange	S
Lonicera korolkowii zabelii	f	silbrig		S
Lonicera maackii	f		gelb-orange	S
Lonicera nitida 'Elegant'	f			I
Lonicera pileata	f			I
Lonicera tatarica (Arten/Sorten)	f			S
Lonicera xylosteum	f		gelb	S
Lycium halimifolium				S
Magnolia stellata			gelb-orange	S
Mahonia aquifolium (Sorten)			rötlich	I
Mahonia bealei			rötlich	I
Malus 'Aldenhamensis'	f	rötlich		S
Malus (Arten/Sorten)	f			S
Malus 'Charlottae'	f		gelb-orange	S
Malus 'Eleyi'	f	rötlich		S
Malus floribunda	f		gelb-orange	S
Malus 'Nicoline'	f	rötlich		S
Malus 'Profusion'	f	rötlich		S
Malus 'Royalty'	f	rötlich		S
Malus sargentii	f		gelb-orange	S
Malus zumi calocarpa	f		gelb-orange	S
Morus alba				S
Nothofagus antarctica			gelb-orange	S
Pachysandra terminalis (Sorten)				I

Austrieb: f früh, s spät; S sommergrün, I Immergrün, W wintergrün

Art	Austrieb	Laubfarbe	Herbstfarbe	Immergrün/ Sommergrün
Parrotia persica			gelb-orange	S
Parthenocissus (Arten/Sorten)	f			S
Paulownia tomentosa	s			S
Pernettya mucronata (Sorten)				I
Perovskia (Sorten)		silbrig		S
Phellodendron amurense	s		gelb-orange	S
Philadelphus (Arten/Sorten)	f			S
Photinia villosa			rötlich	S
Phyllostachys (Arten)				I
Physocarpus opulifolius (Sorten)	f		gelb-orange	S
Physocarpus opulifolus 'Luteus'	f	gelbbunt		S
Pieris (Arten/Sorten)	f			I
Pieris japonica 'Variegata'		weißbunt		I
Platanus hispanica	s		gelb-orange	S
Pleioblastus fortunei				W
Pleioblastus pumilis				W
Populus alba 'Nivea'		silbrig		S
Populus canesecens		silbrig		S
Populus nigra 'Italica'	f		gelb-orange	S
Populus tremula			gelb-orange	S
Potentilla fruticosa (Sorten)	f			S
Prunus (Arten/Sorten)	f			
Prunus avium	f		gelb-orange	S
Prunus cerasifera 'Nigra'	f	schwarzrot		S
Prunus cistena	f	rötlich		S
Prunus laurocerasus (Sorten)	f			I
Prunus padus	f		gelb-orange	S
Prunus sargentii (Sorten)	f		gelb-orange	S
Prunus serotina	f		gelb-orange	S
Prunus serrulata 'Kanzan'	f		gelb-orange	S
Prunus serrulata 'Pink Perfection'	f		gelb-orange	S
Prunus serrulata 'Shirotae'	f		gelb-orange	S
Prunus spinosa	f		gelb-orange	S
Prunus subhirtella 'Autumnalis'	f		gelb-orange	S
Prunus subhirtella 'Fukubana'	f		gelb-orange	S
Prunus subhirtella 'Plena'	f		gelb-orange	S
Prunus subhirtella	f		gelb-orange	S
Prunus 'Trailblazer'	f	rötlich	rötlich	S
Prunus yedoensis	f		gelb-orange	S
Pseudosasa japonica				I
Pterocarya fraxinifolia	f		gelb-orange	S

Austrieb: f früh, s spät; S sommergrün, I Immergrün, W wintergrün

Laubfärbung – Herbstfärbung bei Laubgehölzen

Art	Austrieb	Laubfarbe	Herbstfarbe	Immergrün/ Sommergrün
Pyracantha (Sorten)				I
Pyrus salicifolia	f	silbrig	gelb-orange	S
Quercus coccinea	s		Rötlich	S
Quercus palustris	s		Rötlich	S
Quercus petraea	s			S
Quercus robur	s		gelb	S
Quercus rubra	s		rötlich	S
Quercus turneri 'Pseudoturneri'	s			W
Rhamnus (Arten)			gelb-orange	S
Rhododendron				I
Rhodotypos scandens	f		gelb-orange	S
Rhus typhina (Sorten)			rötlich	S
Ribes alpinum 'Schmidt'	f			S
Ribes aureum	f		rötlich	S
Robinia pseudoacacia 'Frisia'	s	gelb		S
Rosa blanda			rötlich	S
Rosa canina			gelb	S
Rosa carolina			gelb-orange	S
Rosa glauca		rötlich		S
Rosa moyesii				S
Rosa multiflora			gelb-orange	S
Rosa nitida			rötlich	S
Rosa pimpinellifolia			rötlich	S
Rosa rugosa			gelb-orange	S
Rubus fruticosus			rötlich	S
Rubus henryi				I
Rubus phoenicolasius				S
Salix acutifolia 'Pendulifolia'		silbrig		S
Salix purpurea 'Nana'			rötlich	S
Salix repens argentea		silbrig		S
Sambucus (Arten/Sorten)	f			S
Sambucus canadensis 'Aurea'		gelb		S
Skimmia (Arten/Sorten)				I
Sophora japonica	s			S
Sorbus americana			gelb-orange	S
Sorbus aria (Sorten)		silbrig	gelb-orange	S
Sorbus aucuparia (Sorten)			gelb-orange	S
Sorbus intermedia (Sorten)			gelb-orange	S
Sorbus latifolia		silbrig		S
Sorbus serotina			rötlich	S

Austrieb: f früh, s spät; S sommergrün, I Immergrün, W wintergrün

Art	Austrieb	Laubfarbe	Herbstfarbe	Immergrün/ Sommergrün
Sorbus thuringiaca 'Fastigiata'			gelb-orange	S
Sorbus vilmorinii			gelb-orange	S
Spiraea arguta	f		gelb-orange	S
Spiraea prunifolia	f		rötlich	S
Spiraea thunbergii	f		gelb-orange	S
Spiraea vanhouttei	f			S
Staphylea colchica			gelb-orange	S
Stephanandra (Arten/Sorten)	f		rötlich	S
Stranvaesia davidiana			rötlich	S
Syringa (Arten/Sorten)	f			
Tamarix pentandra	s			S
Tilia tomentosa		silbrig	gelb	S
Ulmus (Arten/Sorten)			gelb-orange	S
Ulmus carpinifolia 'Wredei'		gelb	gelb	S
Vaccinium vitis-idaea 'Koralle'				I
Viburnum burkwoodii				W
Viburnum davidii				I
Viburnum fragrans			rötlich	S
Viburnum lantana	f			
Viburnum opulus			rötlich	S
Viburnum plicatum 'Mariesii'			gelb	S
Viburnum plicatum tomentosum			rötlich	S
Viburnum plicatum			rötlich	S
Viburnum pragense				I
Viburnum rhytidophyllum				I
Viburnum tinus				I
Vitis coignetiae				S
Weigela 'Purpurea'		rötlich		S
Wisteria sinensis				S

Austrieb: f früh, s spät; S sommergrün, I Immergrün, W wintergrün

Fruchtmerkmale

Zeitlich der Blüte nachfolgend bildet sich die Frucht aus, die zu einem ebenfalls schmückenden Element werden kann. Je nach Nährwert für Vögel und andere Tiere verbleibt die Frucht in der Regel länger an der Pflanze und kann teilweise auch noch nach dem Laubfall auffallen.

Einige wenige Gehölze sind zweihäusig. Das bedeutet, dass weibliche und männliche Blüten niemals auf einer sondern auf unterschiedlichen Pflanzen zu finden sind. Früchte bilden sich allerdings nur auf „weiblichen" Pflanzen aus, und dies häufig auch nur dann, wenn mindestens eine „männliche" Pflanze mit ihren Blüten zur Bestäubung in der Nähe steht.

Eine Reihe von Früchten ist für den Menschen genießbar und zum Teil äußerst schmackhaft. Diese in der Literatur beschriebenen Obst- und Wildobstarten sind daher nicht nur optisch eine Bereicherung für jeden Garten.

An dieser Stelle und in der nachfolgenden Tabelle soll besonders auf giftige Gehölze hingewiesen werden. Meistens sind nicht nur die Früchte der markierten Gehölze, sondern auch weitere Pflanzenteile giftig. Vorsichtshalber werden hier all die Gehölze als giftig markiert, die in der Literatur auch als solche beschrieben werden. Die mit einem Fragezeichen markierten Pflanzen sollen nach vereinzelten Angaben ebenfalls in sehr geringen Mengen giftige Substanzen enthalten.

Es spielen zu viele Faktoren eine Rolle, als dass hier die Wirkung der in den Gehölzen vorhandenen Gifte kommentiert werden soll. Grundsätzlich sollten lediglich Früchte verzehrt werden, die man sicher kennt.

Kommt es dennoch zu kritischen Situationen, bei denen Kinder Früchte oder Pflanzenteile unbekannter Gehölze zu sich genommen haben oder Erwachsene nach dem Verzehr von Früchten über Unwohlsein, Schwindel oder Erbrechen klagen, sollte unbedingt fachliche Hilfe zu Rate gezogen werden. Im Anhang finden Sie daher die Telefonnummern von örtlichen Giftinformationszentralen in Österreich, Deutschland und der Schweiz.

Viburnum opulus: Beeren

Fruchtmerkmale

Laubgehölze

Art	Farbe	Essbar/ Genießbar	Giftig	Zwei-häusig
Acanthopanax sieboldianus	schwarz		?	
Acer ginnala	rot			
Acer palmatum	rot			
Acer negundo	weiß-gelb			X
Acer rubrum	rot			
Actinidia arguta	gelb bis gelborange	X		X
Aesculus (Arten/Sorten)	grün, braun		+	
Ailanthus altissima	rot bis rotorange		?	
Akebia quinata	rosa/lilafarben			
Amelanchier (Arten/Sorten)	schwarzblau		?	
Andromeda polifolia	lila		+	
Aralia elata	schwarz, schwarzrot, schwarzblau		?	
Arctostaphylos uva-ursi	rot		+	
Aristolochia macrophylla	grün		?	
Aronia (Arten/Sorten)	rot, schwarz			
Aucuba japonica	rot		?	
Berberis (Arten/Sorten)	rot, schwarz		+	
Buxus (Arten/Sorten)	unauffällig		+	
Callicarpa bodinieri giraldii	rosa/lilafarben			
Caragana (Arten/Sorten)	braun		+	
Castanea sativa	braun	X		
Celastrus orbiculatus	gelb bis gelborange		+	
Cercidiphyllum japonicum	braun			X
Chaenomeles (Arten/Sorten)	gelb bis gelborange			
Chionanthus virginicus	schwarz			
Clematis (Arten/Sorten)	silbrig		?	
Colutea arborescens	rotbraun		+	
Cornus alba	weiß			
Cornus alba 'Sibirica'	weiß			
Cornus canadensis	rot			
Cornus florida	rot			
Cornus kousa	rot			
Cornus kousa chinensis	rot			
Cornus mas	rot	X		
Cornus sanguinea	schwarz		?	
Cornus stolonifera 'Flaviramea'	weiß			

Giftigkeit: ? fraglich, + giftig

Fruchtmerkmale

Laubgehölze

Art	Farbe	Essbar/ Genießbar	Giftig	Zwei-häusig
Corylus avellana	braun	X		
Cotinus coggygria			+	
Cotoneaster acutifolius	schwarzrot		+	
Cotoneaster bullatus	rot bis rotorange		+	
Cotoneaster dammeri 'Jürgl'	rot bis rotorange		+	
Cotoneaster dammeri 'Coral Beauty'	rot bis rotorange		+	
Cotoneaster dielsianus	rot bis rotorange		+	
Cotoneaster divaricatus	rot bis rotorange		+	
Cotoneaster franchetii	rot bis rotorange		+	
Cotoneaster horizontalis	rot bis rotorange		+	
Cotoneaster microphyllus 'Cochleatus'	rot bis rotorange		+	
Cotoneaster multiflorus	rot bis rotorange		+	
Cotoneaster salicifolius floccosus	rot bis rotorange		+	
Cotoneaster sternianus	rot bis rotorange		+	
Cotoneaster watereri	rot bis rotorange		+	
Cotoneaster watereri 'Cornubia'	rot bis rotorange		+	
Cotoneaster watereri 'Pendulus'	rot bis rotorange		+	
Crataegus coccinea	rot bis rotorange			
Crataegus crus-galli	rot bis rotorange			
Crataegus lavallei 'Carrierei'	rot bis rotorange			
Crataegus monogyna	rot bis rotorange	X		
Crataegus prunifolia	rot bis rotorange			
Cytisus (Arten/Sorten)	braun		+	
Daphne mezereum	rot bis rotorange		+	
Decaisnea fargesii	schwarzblau			
Elaeagnus angustifolia	gelb bis gelborange			
Elaeagnus commutata	weiß			
Elaeagnus multiflora	rot bis rotorange			
Euonymus europaeus	rot bis rotorange		+	
Euonymus fortunei vegetus	rot bis rotorange		+	
Euonymus planipes	rot bis rotorange		+	
Euonymus yedoensis	rot bis rotorange		+	
Fagus sylvatica	rotbraun		?	

Giftigkeit: ? fraglich, + giftig

Art	Farbe	Essbar/ Genießbar	Giftig	Zwei-häusig
Fraxinus (Arten/Sorten)	braun			teilweise
Gaultheria procumbens	rot bis rotorange			
Gaultheria shallon	schwarzrot			
Genista (Arten)	braun		+	
Gleditsia triacanthos	braun		+	
Gymnocladus dioicus	braun		+	
Hedera (Arten/Sorten)	schwarzblau		+	
Hippophae rhamnoides	rotorange	S		
Humulus lupulus	braun			X
Ilex aquifolium (Sorten)	rot bis rotorange		+	X
Ilex crenata (Sorten)	schwarz		+	X
Ilex meservae (Sorten)	rot		+	X
Juglans (Arten/Sorten)	grün, braun	X		
Kalmia latifolia	braun		+	
Kalopanax pictus maximowiczii	schwarz, schwarzrot, schwarzblau			
Laburnum (Arten/Sorten)	braun		+	
Ligustrum obtusifolium regelianum	schwarz		+	
Ligustrum ovalifolium	schwarz		+	
Ligustrum vulgare	schwarz		+	
Lonicera caerulea	schwarzrot		+	
Lonicera korolkowii zabelii	rot bis rotorange		+	
Lonicera ledebourii	schwarz		+	
Lonicera maackii	rot		+	
Lonicera morrowii	rot bis rotorange		+	
Lonicera pileata	dunkel violett		+	
Lonicera tatarica	rot bis rotorange		+	
Lonicera xylosteum	rot bis rotorange		+	
Lycium barbarum	rotorange		?	
Mahonia aquifolium	schwarz, schwarzrot, schwarzblau		+	
Mahonia bealei	schwarzblau		+	
Malus (Fruchtsorten)	rot,orange,gelb	X		
Malus (Ziersorten)	rot bis rotorange, teils gelb	X		
Malus 'Aldenhamensis'	rot bis rotorange	X		
Malus 'Almey'	rot bis rotorange	X		
Malus 'Charlottae'	gelb bis gelborange	X		
Malus 'Eleyi'	rot bis rotorange	X		
Malus floribunda	gelb bis gelborange	X		
Malus 'Hillieri'	gelb bis gelborange	X		

Giftigkeit: ? fraglich, + giftig

Fruchtmerkmale

Laubgehölze

Art	Farbe	Essbar/ Genießbar	Giftig	Zwei-häusig
Malus 'John Downie'	gelb bis gelborange	X		
Malus 'Liset'	rot bis rotorange	X		
Malus 'Nicoline'	rot bis rotorange	X		
Malus 'Professor Sprenger'	rot bis rotorange	X		
Malus 'Profusion'	rot bis rotorange	X		
Malus 'Red Jade'	rot bis rotorange	X		
Malus 'Royalty'	rot bis rotorange	X		
Malus sargentii	rot bis rotorange	X		
Malus 'Van Eseltine'	gelb bis gelborange	X		
Malus 'Wintergold'	gelb bis gelborange	X		
Malus zumi calocarpa	rot bis rotorange	X		
Mespilus germanica	braun	X		
Morus alba	rot	X		
Pachysandra terminalis			+	
Parthenocissus (Arten/Sorten)	schwarzblau		+	
Paulownia tomentosa	braun		?	
Pernettya mucronata 'Alba'	weiß		?	
Pernettya mucronata	rosa/lilafarben		?	
Phellodendron amurense	schwarz			
Photinia villosa	rot			
Pieris (Arten/Sorten)	braun		?	
Populus (Arten/Sorten)	braun			X
Prunus armeniaca (Sorten)	gelb-orange	X		
Prunus avium (Sorten)	rot, schwarz	X		
Prunus cerasus (Sorten)	blau	X		
Prunus domestica (Sorten)	blau, gelb	X		
Prunus italica (Sorten)	gelb	X		
Prunus laurocerasus (Sorten)	schwarz		+	
Prunus mahaleb	schwarz	X		
Prunus nucipersica (Sorten)	rot	X		
Prunus padus	schwarz, schwarzrot, schwarzblau			
Prunus persica (Sorten)	rot, gelb	x		
Prunus serotina	schwarz		?	
Prunus spinosa	schwarz,	X		
Pterocarya fraxinifolia	grün		?	
Pyracantha (Sorten)	rot bis rotorange		+	
Pyrus (Sorten)	grün, gelb	X		

Giftigkeit: ? fraglich, + giftig

Art	Farbe	Essbar/ Genießbar	Giftig	Zwei-häusig
Quercus robur	braun		+	
Rhamnus (Arten)	schwarz		+	
Rhododendron (Arten/Sorten)	braun		+	
Rhodotypos scandens	schwarz			
Ribes aureum	schwarz, schwarzrot, schwarzblau			
Ribes divaricatum	schwarz, schwarzrot, schwarzblau			
Ribes nigrum (Sorten	schwarz	X		
Ribes rubrum (Sorten)	rot, gelb, weiß	X		
Ribes uva-crispa (Sorten)	rot, gelb	X		
Rhus typhina	braun			+
Robinia (Arten/Sorten)	braun			+
Rosa – Kletterrosen	meist rot	X		
Rosa blanda	rot bis rotorange	X		
Rosa canina	rot bis rotorange	X		
Rosa carolina	rot bis rotorange	X		
Rosa glauca	rot bis rotorange	X		
Rosa multiflora	rot bis rotorange	X		
Rosa nitida	rot bis rotorange	X		
Rosa pimpinellifolia	schwarz, schwarzrot, schwarzblau	X		
Rosa rubiginosa	rot bis rotorange	X		
Rosa rugotida	rot bis rotorange	X		
Rubus fruticosus	schwarzrot	X		
Rubus henryi	schwarzrot			
Rubus idaeus	rot	X		
Rubus odoratus	rot bis rotorange			
Rubus phoenicolasius	rot bis rotorange			
Sambucus nigra	schwarz		+	
Sambucus racemosa	rot bis rotorange		+	
Skimmia japonica	rot bis rotorange		?	
Salix (Arten/Sorten)				X
Sophora japonica			?	
Sorbus americana	rot bis rotorange			
Sorbus aria (Sorten)	rot bis rotorange			
Sorbus arnoldiana 'Golden Wonder'	gelb bis gelborange			
Sorbus arnoldiana 'Kirsten Pink'	rosa/lilafarben			
Sorbus arnoldiana 'Red Tip'	rot bis rotorange			

Giftigkeit: ? fraglich, + giftig

Fruchtmerkmale

Laubgehölze

Pflanze	Farbe	Essbar/ Genießbar	Giftig	Zwei-häusig
Sorbus aucuparia (Sorten)	rot bis rotorange		+	
Sorbus decora	rot bis rotorange			
Sorbus intermedia (Sorten)	rot bis rotorange			
Sorbus koehneana	weiß			
Sorbus serotina	rot bis rotorange			
Sorbus thuringiaca 'Fastigiata'	rot bis rotorange			
Sorbus vilmorinii	rosa/lilafarben			
Stranvaesia davidiana	rot bis rotorange			
Symphoricarpos albus laevigatus	weiß		+	
Symphoricarpos chenaultii	rosa		+	
Symphoricarpos 'Magic Berry'	rot bis rotorange		+	
Symphoricarpos 'Mother of Pearl'	rosa/lilafarben		+	
Ulex europaeus	schwarz-braun		+	
Vaccinium (Arten/Sorten)	rot bis rotorange, schwarz	X		
Viburnum davidii	schwarzblau		+	
Viburnum lantana	rot		+	
Viburnum opulus	rot		+	
Viburnum rhytidophyllum	schwarzrot		+	
Vinca (Arten/Sorten)	oliv		+	
Vitis (Arten/Sorten)	gelb bis rot	X		
Wisteria (Arten/Sorten)	blau		+	

Nadelgehölze

Art	Farbe	Essbar/ Genießbar	Giftig	Zwei-häusig
Chamaecyparis (Arten/Sorten)	braun		+	
Cupressocyparis (Arten/Sorten)	braun		+	
Ginkgo biloba	gelb bis gelborange			X
Juniperus (Arten/Sorten)	schwarzblau		+	X
Microbiota decussata	grün		+	
Taxus baccata (Sorten)	rot		+	X
Thuja (Arten/Sorten)	hellbraun		+	

Giftigkeit: ? fraglich, + giftig

Rinde

Attraktive und auffällige Rinde bildet ein weiteres Schmuckelement, das insbesondere im Winter, also im zumeist laubfreien Zustand, zur Geltung kommt.

Zum einen kann die Rindenfärbung zur Attraktivität beitragen. So können die jungen ein- oder zweijährigen Triebe eine besondere Färbung aufweisen. Es finden sich allerdings auch einige Beispiele für auffällige Ausfärbungen an älteren Stämmen.

Des Weiteren können Korkleisten an jüngeren Trieben sowie borkige Rinde an älteren Stämmen für Abwechslung sorgen.

Mit Dornen oder Stacheln bewehrte Gehölze können optisch nicht immer mit den Farbenspielen anderer Gehölze mithalten. Eingesetzt werden können diese Gehölze allerdings für Abgrenzungen. Die strauchartigen unter ihnen bilden undurchdringliche Hecken und auf diese Weise für kleine Tiere oder Vögel einen sicheren Schutz vor Feinden.

Cornus alba 'Sibirica': rote Zweige

Rindenfärbung und -merkmale

Art	Rindenfarbe und -merkmale
Acer capillipes	grün, mit Streifen
Acer davidii	grün
Acer negundo (Sorten)	grün
Acer pensylvanicum	grün, mit Streifen
Acer rufinerve	grün, mit Streifen
Aristolochia macrophylla	grün
Caragana arborescens	grün
Cytisus (Arten/Sorten)	grün
Decaisnea fargesii	grün
Euonymus alatus	grün
Euonymus europaeus	grün
Euonymus fortunei vegetus	grün
Genista (Arten/Sorten)	grün
Gleditsia triacanthos 'Sunburst'	grün
Jasminum nudiflorum	grün
Kerria japonica	grün
Kerria japonica 'Pleniflora'	grün
Laburnum anagyroides	grün
Laburnum watereri 'Vossii'	grün
Poncirus trifoliata	grün
Salix balsamifera mas	grün
Sophora japonica	grün
Tilia euchlora	grün
Alnus incana 'Aurea'	gelb
Betula albosinensis	gelb, abrollend
Betula ermanii	gelb, bis weiß
Cornus stolonifera 'Flaviramea'	gelb
Prunus maackii	gelb
Salix alba 'Tristis'	gelb
Salix erythroflexuosa	gelb
Stephanandra tanakae	gelb, bis braun
Tamarix ramosissima	gelb, nur Winter
Elaeagnus angustifolia	grausilber
Elaeagnus commutata	grausilber
Hippophae rhamnoides	grausilber
Lycium barbarum	grausilber
Perovskia abrotanoides	grausilber
Populus alba 'Nivea'	grausilber
Salix acutifolia pendulifolia	grausilber
Salix daphnoides (Sorten)	grausilber
Betula ermanii	weiß, rötlich bis weiß, abrollend
Betula maximowicziana	weiß, grau bis gelblichweiß, abrollend

Rindenfärbung und -merkmale

Art	Rindenfarbe und -merkmale
Betula papyrifera	weiß
Betula pendula	weiß, weißgrau
Betula platyphylla japonica	weiß, schneeweiß, abrollend
Betula utilis	weiß, abrollend
Acer palmatum	rot
Acer palmatum 'Atropurpureum'	rot
Acer rubum	rot, junge Triebe
Berberis thunbergii 'Atropurpurea'	rot
Berberis thunbergii 'Red Chief'	rot
Betula albosinensis	rot
Betula nigra	rot
Cercidiphyllum japonicum	rot
Cornus alba (Sorten)	rot
Cornus alba 'Sibirica'	rot, sehr auffallend
Cornus sanguineum 'Midwinter Fire'	rot
Cotinus coggygria 'Royal Purple'	rot
Lonicera caerulea	rot
Physocarpus opulifolius (Sorten)	rot
Prunus cerasifera 'Nigra'	rot
Prunus serrula	rot
Prunus 'Trailblazer'	rot
Rosa glauca	rot
Rubus odoratus	rot
Rubus phoenicolasius	rot
Salix daphnoides	rot
Salix integra 'Hakuro Nishiki'	rot
Salix purpurea	rot
Salix purpurea 'Nana'	rot
Salix rosmarinifolia	rot
Stephanandra incisa	rot
Zelkova serrata	rot

Rindenfärbung und -merkmale

Art	Rindenfarbe und -merkmale
Calocedrus decurrens	rot
Cryptomeria japonica	rot
Cupressus arizonica	rot
Metasequoia glytostroboides	rot
Pinus densiflora	rot
Pinus sylvestris (Sorten)	rot
Sequoiadendron giganteum	rot
Acer cappadocicum 'Rubrum'	schwärzlich
Cornus alba 'Kesselringii'	schwärzlich
Ilex meserveae (Sorten)	schwärzlich
Phyllostachis nigra (Sorten)	schwärzlich
Prunus spinosa	schwärzlich
Rosa carolina	schwärzlich
Rosa pimpinellifolia	schwärzlich
Rhus typhina	schwärzlich, sehr dunkel
Tamarix parviflora	schwärzlich, sehr dunkel
Tamarix ramosissima	schwärzlich, sehr dunkel
Acanthopanax sieboldianus	bewehrte Rinde – Dornen&Stacheln
Aralia elata	bewehrte Rinde – Dornen&Stacheln
Berberis (Arten/Sorten)	bewehrte Rinde – Dornen&Stacheln
Caragana arborescens	bewehrte Rinde – Dornen&Stacheln
Chaenomeles (Arten/Sorten)	bewehrte Rinde – Dornen&Stacheln
Crataegus (Arten/Sorten)	bewehrte Rinde – Dornen&Stacheln
Gleditsia triacanthos	bewehrte Rinde – Dornen&Stacheln
Hippophae rhamnoides	bewehrte Rinde – Dornen&Stacheln
Kalopanax pictus maximowiczii	bewehrte Rinde – Dornen&Stacheln
Lycium barbarum	bewehrte Rinde – Dornen&Stacheln
Poncirus trifoliata	bewehrte Rinde – Dornen&Stacheln
Prunus spinosa	bewehrte Rinde – Dornen&Stacheln
Pyracantha (Sorten)	bewehrte Rinde – Dornen&Stacheln
Rhamnus catharticus	bewehrte Rinde – Dornen&Stacheln
Ribes divaricatum	bewehrte Rinde – Dornen&Stacheln
Robinia kelseyi	bewehrte Rinde – Dornen&Stacheln
Robinia neomexicana	bewehrte Rinde – Dornen&Stacheln
Robinia pseudoacacia (Sorten)	bewehrte Rinde – Dornen&Stacheln
Rosa (Arten/Sorten)	bewehrte Rinde – Dornen&Stacheln
Rosen – Kletterrosen	bewehrte Rinde – Dornen&Stacheln
Rosa avensis	bewehrte Rinde – Dornen&Stacheln
Rubus (Arten)	bewehrte Rinde – Dornen&Stacheln
Ulex europaeus	bewehrte Rinde – Dornen&Stacheln
Acer campestre	Rinde auffallend borkig-korkig, Korkleisten an jungen Trieben

Art	Rindenfarbe und -merkmale
Corylus colurna	Rinde auffallend borkig-korkig, Stamm
Euonymus alatus	Rinde auffallend borkig-korkig, Korkleisten, außer am einj. Holz
Euonymus europaeus	Rinde auffallend borkig-korkig, Korkleisten
Euonymus phellomanus	Rinde auffallend borkig-korkig, Korkleisten auch am einj. Holz
Liquidambar styraciflua	Rinde auffallend borkig-korkig, Triebe und Stamm
Parrotia persica	Rinde auffallend borkig-korkig
Phellodendron amurense	Rinde auffallend borkig-korkig, Stamm
Ulmus carpinifolia	Rinde auffallend borkig-korkig, Stamm
Abies lasiocarpa	Rinde auffallend borkig-korkig
Larix (Arten/Sorten)	Rinde auffallend borkig-korkig
Pinus nigra nigra	Rinde auffallend borkig-korkig
Pinus sylvestris	Rinde auffallend borkig-korkig
Pseudolarix amabilis	Rinde auffallend borkig-korkig
Sequoiadendron giganteum	Rinde auffallend borkig-korkig
Taxodium distichum	Rinde auffallend borkig-korkig

Wurzel

Die Kenntnisse über die Wurzel eines Baumes sind sehr begrenzt und in Teilen widersprüchlich.

Unterschieden wird in Tief-, Herz- und Flachwurzler, wobei bei den Flachwurzlern sogenannte Senkwurzeln hinzukommen, welche die Pflanze aus tieferen Bodenschichten mit Wasser und Nährstoffen versorgen.

Die Form der Wurzelausprägung ist genetisch vorgegeben. Dennoch passt sich das tatsächliche Wurzelwachstum den vom Standort vorgegebenen Faktoren an (Bodenverdichtungen, Grundwasserspiegel, zur Verfügung stehender Wurzelraum).

In Baumschulen werden die Wurzeln in der Regel entgegen ihres natürlichen Wuchsverhaltens kultiviert. Hier ist es wichtig, durch regelmäßiges Verpflanzen die Wurzeln nah am Stamm zu haben. Auf diese Weise wird ein Transport der Pflanze zum Endstandort erst ermöglicht.

Am Endstandort entwickelt sich das Wurzelsystem entsprechend den genetischen Vorgaben sowie des Standortes.

Ginkgo biloba – Tiefwurzler

Wurzelsystem

Laubbäume	Tief	Herz	Flach
Acer campestre		X	X
Acer capillipes			X
Acer ginnala			X
Acer griseum		X	
Acer japonicum (Sorten)			X
Acer monspessulanum		X	
Acer neglectum 'Annae'		X	
Acer negundo (Sorten)			X
Acer palmatum (Sorten)		X	X
Acer pensylvanicum			X
Acer platanoides	X	X	X
Acer pseudoplatanus	X	X	
Acer rubrum		X	X
Acer rufinerve			X
Acer saccharinum (Sorten)			X
Aesculus hippocastanum (Sorten)		X	X
Ailanthus altissima			X
Alnus cordata			X
Alnus glutinosa	X	X	X
Alnus incana		X	X
Alnus viridis			X
Amelanchier (Arten/Sorten)			X
Amelanchier ovalis	X		
Aralia elata			X
Berberis (Arten/Sorten)		X	X
Betula (Arten/Sorten)		X	X
Betula nigra	X		
Buxus (Arten/Sorten)		X	
Caragana arborescens	X		
Carpinus betulus	X	X	
Castanea sativa	X		
Catalpa bignonioides		X	X
Catalpa bignonioides 'Nana'		X	X
Cercidiphyllum japonicum	X		X
Clethra alnifolia		X	
Colotea arborescens	X		
Cornus controversa	X		
Cornus florida			X
Cornus kousa		X	X
Cornus mas			X
Cornus sanguineum		X	

Nadelbäume	Tief	Herz	Flach
Abies (Arten)		X	
Abies concolor	X		
Abies homolepis	X		
Abies nordmanniana	X		
Abies veitchii	X		
Cedrus (Arten)		X	
Chamaecyparis (Arten/Sorten)			X
Chamaecyparis pisifera (Sorten)	X		
Cupressocyparis (Arten/Sorten)		X	
Ginkgo biloba	X	X	
Juniperus chinensis (Sorten)		X	
Juniperus communis (Sorten)	X		
Juniperus virginiana (Sorten)	X		X
Larix (Arten/Sorten)	X	X	
Metasequoia glyptostroboides	X		X
Picea (Arten/Sorten)			X
Picea sitchensis	X		
Pinus (Arten/Sorten)	X		
Pinus cembra	X		
Pinus mugo	X		
Pinus nigra nigra	X		
Pinus ponderosa	X		
Pinus sylvestris	X		
Pinus wallichiana	X		X
Pseudolarix amabilis	X		
Pseudotsuga menziesii caesia		X	
Sciadopitys verticillata		X	X
Sequoiadendron giganteum	X	X	
Taxodium distichum	X	X	X
Taxus (Arten/Sorten)		X	
Thuja (Arten/Sorten)		X	X
Thujopsis dolabrata	X		X
Tsuga (Arten/Sorten)			X

Wurzelsystem

Laubbäume	**Tief**	**Herz**	**Flach**
Corylus avellana		X	X
Corylus colurna		X	X
Crataegus (Arten/Sorten)	X		
Cytisus (Arten/Sorten)	X		
Davidia involucrata vilmorinii	X		X
Deutzia (Arten/Sorten)		X	
Elaeagnus angustifolia	X	X	
Euonymus alatus		X	
Euonymus europaeus		X	
Euonymus phellomanus		X	
Exochorda (Arten)			X
Fagus sylvatica (Sorten)	X	X	X
Fraxinus angustifolia	X		
Fraxinus exelsior	X		X
Fraxinus ornus	X	X	
Gleditsia triacanthos (Sorten)	X		X
Gymnocladus dioicus	X	X	
Halesia (Arten)	X	X	X
Hippophae rhamnoides	X		
Ilex aquifolium	X	X	
Ilex aquifolium (Sorten)	X	X	
Ilex crenata (Sorten)		X	
Juglans nigra	X		
Juglans regia	X		
Kalmia (Arten/Sorten)		X	
Kerria (Arten/Sorten)		X	
Koelreuteria paniculata			X
Laburnum (Arten/Sorten)		X	X
Leucothoe catesbaei		X	
Ligustrum (Arten/Sorten)		X	
Liquidambar styraciflua		X	X
Liriodendron tulipifera	X	X	X
Lonicera xylosteum			X
Lycium barbarum	X		
Magnolia (Arten/Sorten)			X
Mahonia aquifolium	X		
Malus (Arten/Sorten)		X	X
Morus (Arten)		X	
Nothofagus antarctica	X	X	
Paulownia tomentosa	X		
Pieris (Arten/Sorten)		X	
Platanus hispanica	X	X	X
Populus alba 'Nivea'			X
Populus balsamifera			X
Populus berolinensis			X
Populus canescens			X
Populus nigra 'Italica'	X		X
Populus simonii			X
Populus tremula	X		X
Potentilla fruticosa (Sorten)		X	
Prunus (Arten/Sorten)		X	
Prunus avium		X	
Prunus cerasifera	X		
Prunus mahaleb	X		
Prunus padus	X		X
Prunus serrulata 'Kanzan'	X		
Prunus serotina	X		
Prunus spinosa	X		
Pterocarya fraxinifolia	X	X	X
Pyracantha (Sorten)	X		
Pyrus communis	X		
Quercus cerris	X		
Quercus coccinea	X		X
Quercus frainetto	X		
Quercus macranthera	X		X
Quercus palustris	X		X
Quercus petraea	X		X
Quercus pontica	X		
Quercus pubescens	X		
Quercus robur	X		X
Quercus rubra			X
Quercus turneri 'Pseudoturneri'	X		X
Rhamnus (Arten)	X		
Rhododendron (Arten/Sorten)		X	X
Rhodotypos scandens		X	
Rhus typhina			X
Ribes alpinum		X	
Robinia pseudoacacia	X		X
Robinia pseudoacacia 'Frisia'	X	X	
Robinia pseudoacacia 'Pyramidalis'	X		
Robinia pseudoacacia 'Tortuosa'	X		
Rosa canina	X		

Laubbäume	**Tief**	**Herz**	**Flach**
Rosa pimpinellifolia	X		
Rosa rubiginosa	X		
Rosa rugosa	X		
Rubus fruticosus	X		
Salix alba (Sorten)	X		X
Salix fragilis		X	
Sambucus (Arten)			X
Skimmia (Arten/Sorten)		X	
Sophora japonica	X		X
Sorbaria sorbifolia		X	
Sorbus americana	X		X
Sorbus aria (Sorten)	X		
Sorbus aucuparia (Sorten)	X	X	X
Sorbus decora			X
Sorbus domestica	X		
Sorbus torminalis	X		
Spiraea (Arten/Sorten)		X	
Staphylea colchica		X	
Stephanandra (Arten/Sorten)		X	
Stranvaesia davidiana	X		
Symphoricarpos (Arten/Sorten)		X	
Syringa (Arten/Sorten)		X	X
Tamarix (Arten)	X		
Tilia (Arten/Sorten)		X	
Tilia cordata	X	X	
Tilia euchlora		X	
Tilia europaea		X	
Tilia platyphyllos	X		
Ulmus carpinifolia	X		X
Ulmus glabra	X		
Ulmus laevis	X		
Viburnum (Arten/Sorten)			X
Wisteria (Arten/Sorten)	X		

Blütezeitkalender

Die Blüte gilt allgemein als der attraktivste Bestandteil der Pflanze. In unterschiedlichsten Farben und Formen erfreut sie den Betrachter.

Die nachfolgenden zeitlichen und farblichen Angaben beziehen sich auf optimale Standort- und Witterungsbedingungen. Natürlich können Frost oder Regen die farbliche Ausprägung beeinträchtigen und die Blüte zu einem abrupten Ende führen.

Viele Blüten sind auch so unscheinbar und klein, dass sie überhaupt nicht erst wahrgenommen werden. Häufig lohnt es sich allerdings, während der angegebenen Blütezeit einmal genauer hinzusehen, um die Schönheit auch dieser „Mauerblümchen“ zu erkennen.

Campsis grandiflora

Blütezeitkalender

Art	Farbe	Blütezeit (Kalendermonate)												
		1	2	3	4	5	6	7	8	9	10	11	12	Duft
Abeliophyllum distichum	weiß bis hellrosa			X	X									X
Acanthopanax sieboldianus	grün-weiß						X	X						
Acer (Sorten)	grünlich			X	X	X	X							
Actinidia (Arten)	weiß					X	X							X
Aesculus carnea	hellrot					X	X							
Aesculus hippocastanum 'Baumanni'	weiß mit rötl. Flecken					X	X							X
Aesculus parviflora	weiß							X	X					X
Ailanthus altissima	grünlich						X	X						
Akebia quinata	purpur-braun od. rosa				X	X								X
Amelanchier (Arten/Sorten)	weiß				X	X								
Amorpha (Arten)	violett-blau						X	X	X					
Andromeda polifolia	weiß					X	X							
Aralia elata (Sorten)	weiß								X	X				
Arctostaphylos uva-ursi	weiß, Rand rosa				X	X								
Aristolochia macrophylla	grün-gelb					X	X	X						
Aronia (Arten/Sorten)	weiß				X	X								
Berberis (Arten/Sorten)	gelb				X	X	X							X
Betula (Arten)	grünlich-gelbe Kätzchen				X									
Buddleja (Sorten)	blau, lila rosa, purpur-violett						X	X	X	X	X			X
Buxus sempervirens (Sorten)	gelb-grün				X	X								X
Callicarpa bodinieri (Sorten)	lila							X	X					
Calluna vulgaris (Sorten)	variabel							X	X	X	X			
Calycanthus floridus	dunkel-rotbraun					X	X	X						X
Campsis (Arten/Sorten)	gelb-orange-rot							X	X	X				
Caragana arborescens (Sorten)	gelb					X	X							
Carpinus betulus (Sorten)	gelbe Kätzchen				X	X								
Caryopteris cladonensis (Sorten)	lavendelblau								X	X				X
Castanea sativa	cremeweiß						X	X						X
Catalpa bignonioides	weiß, Zeichnung gelb/purpur					X	X							
Ceanothus (Arten/Sorten)	kobaltblau							X	X	X	X	X		X
Celastrus orbiculatus	grün						X							
Cercidiphyllum japonicum	rötlich				X	X								
Cercis siliquastrum	purpur-rosa				X									
Chaenomeles japonica (Sorten)	ziegel- od. scharlachrot			X	X	X								
Chimonanthus praecox	weiß	X	X										X	X

Art	Farbe	Blütezeit (Kalendermonate)												
		1	2	3	4	5	6	7	8	9	10	11	12	Duft
Chionanthus virginicus	weiß					X	X							X
Cistus laurifolius	weiß, innen: gelb					X	X							
Cladrastis lutea	weiß					X	X							
Clematis alpina (Sorten)	verschieden violett-blau					X	X							X
Clematis integrifolia	zart violett-blau					X	X							X
Clematis montana 'Tetrarose'	lilarosa					X	X							X
Clematis orientalis	gelb								X	X	X			X
Clematis 'Orange Peel'	goldgelb, Staubgefäße violettschwarz						X	X	X	X				X
Clematis paniculata	weiß									X	X			X
Clematis tangutica	gelb						X	X	X	X	X			X
Clematis vitalba	rahmweiß						X	X	X	X				X
Clematis viticella	blauviolett, purpur rosa						X	X	X	X				X
Clerodendrum trichotomum fargesii	weiß							X	X	X				X
Clethra alnifolia (Sorten)	weiß-rosa							X	X	X				X
Colutea arborescens	gelb					X	X	X	X	X				
Cornus alba (Sorten)	weiß					X	X	X						
Cornus alternifolia	creme-weiß					X	X							
Cornus canadensis	grün-weiß					X	X							
Cornus controversa	creme-weiß					X	X							
Cornus florida	grünlich				X	X								
Cornus kousa (Sorten)	creme-weiß-rosa						X							
Cornus mas (Sorten)	gelb			X	X									
Cornus nuttallii	erst grünlich, dann elfenbeinweiß					X	X							
Cornus sanguinea	creme-weiß					X	X							
Cornus stolonifera 'Flaviramea'	weiß					X	X							
Corylopsis pauciflora	primelgelb			X	X									X
Corylopsis spicata	hellgelb			X	X									X
Corylus avellana (Sorten)	gelbe Kätzchen		X	X	X									
Cotinus coggygria (Sorten)	weißlich; rosa					X	X	X						
Cotoneaster acutifolius	schwarz					X	X							
Cotoneaster adpressus	rötlich-weiß						X							
Cotoneaster (Arten)	weiß, rosa					X	X							
Crataegus (Arten)	weiß,rosa,rot					X	X							X
Cydonia oblonga	weiß rosa					X	X							
Cytisus (Arten)	weiß, gelb, rot-purpur				X	X	X							
Cytisus scoparius (Sorten)	gelb, rot					X	X							X
Cytisus supinus	gelb, braun				X	X	X	X	X					

Art	Farbe	Blütezeit (Kalendermonate)												
		1	2	3	4	5	6	7	8	9	10	11	12	Duft
Daboecia cantabrica (Sorten)	weiß, rosa, bis karmin, purpur						X	X	X	X	X			
Daphne mezereum (Sorten)	leuchtend weiß, karminrot			X	X									X
Davidia involucrata vilmoriniana	weiß					X	X							
Decaisnea fargesii	fahlgrün					X	X							
Deutzia (Arten/Sorten)	reinweiß, rosa					X	X	X						
Elaeagnus angustifolia	silbrig, innen weiß						X	X						X
Elaeagnus commutata	silbrig-gelb					X	X	X						X
Elaeagnus ebbingei	creme-weiß										X	X		X
Elaeagnus multiflora	hellgelb				X	X								X
Enkianthus campanulatus (Sorten)	rötlich-grün oder gelb					X								
Erica carnea (Sorten)	rosa	X	X	X	X	X								
Erica cinerea (Sorten)	karmin-rosa bis violettrot						X	X	X	X				
Erica darleyensis (Sorten)	rosa und weiß	X	X	X	X	X								
Erica tetralix (Sorten)	rosa, rot, weiß						X	X	X	X				
Erica vagans (Sorten)	rosa							X	X	X				
Euodia hupehensis	weiß							X	X					X
Euonymus alatus (Sorten)	weiß-grün					X	X							
Euonymus (Arten)	grün-weiß					X	X	X						
Exochorda racemosa	weiß				X	X								
Fagus sylvatica (Sorten)	rotgrün				X	X								
Forsythia (Sorten)	goldgelb, orange Flecken			X	X	X								
Fothergilla (Arten)	creme-weiß					X								X
Fraxinus excelsior	gelb-grün					X								
Fraxinus ornus (Sorten)	creme-weiß					X	X							X
Gaultheria procumbens	weißlich-rosa						X	X	X					
Genista lydia	gelb					X	X							
Genista pilosa	gelb				X	X	X	X						
Genista radiata	gelb					X	X							
Genista sagittalis	gold-gelb					X	X							
Genista tinctoria (Sorten)	gelb						X	X	X					
Gleditsia triacanthos (Sorten)	grünlich-weiß						X	X						
Gymnocladus dioicus	grünlich-weiß						X							
Halesia carolina	rahmweiß od. rosa				X	X								
Halesia monticola	weiß					X	X							

Art	Farbe	Blütezeit (Kalendermonate)												
		1	2	3	4	5	6	7	8	9	10	11	12	Duft
Hamamelis intermedia (Sorten)	primelgelb bis dunkel-rot, braunrot	X	X	X	X									
Hamamelis japonica	gelb	X	X	X										X
Hamamelis mollis	leuchtend gelb	X	X	X										X
Hamamelis virginiana	hellgelb									X	X	X		X
Halimodendron halodendron	hellviolett						X	X						
Hebe ochracea	weiß							X	X					
Hedera colchica 'Arborescens'	weißlich-grün							X						X
Hedera helix (Sorten)	gelb-grün									X	X	X		X
Hedera hibernica	grün-gelb									X	X			X
Hibiscus 'Ardens'	lilablau bis purpur-rosa						X	X	X					
Hibiscus (Sorten)	weiß, rosa, blau, purpur							X	X	X	X			
Hippophae rhamnoides	bräunlich			X	X									
Holodiscus ariifolius	creme-weiß							X						
Humulus lupulus	gelb-grün							X	X					
Hydrangea arborescens Sorten	weiß							X	X	X				
Hydrangea aspera	blau, weißer Rand							X	X					
Hydrangea heteromalla 'Bretschneideri'	lila-weiß					X	X							
Hydrangea macrophylla (Sorten)	rosa, blau, violett							X	X	X				
Hydrangea paniculata (Sorten)	weiß-purpur-rosa						X	X	X	X				
Hydrangea petiolaris	weiß						X	X						X
Hydrangea quercifolia	grünlich-weiß bis creme-weiß						X	X	X					
Hydrangea sargentiana	weiß, innen hell-violett							X	X					
Hydrangea serrata (Sorten)	rosa-blau							X	X	X	X			
Hypericum (Arten)	gelb						X	X	X	X	X			
Ilex aquifolium (Sorten)	weiß					X	X							X
Ilex crenata (Sorten)	weiß					X	X	X						
Ilex meserveae (Sorten)	weiß					X	X							
Ilex verticillata	grünlich-weiß						X	X						
Jasminum nudiflorum	leuchtend gelb	X	X	X										X
Juglans regia	grün-braune Kätzchen				X	X								
Kalmia angustifolia 'Rubra'	purpur-rosa						X	X						
Kalmia latifolia (Sorten)	hellrosa, weiß					X	X							
Kerria japonica	gelb				X	X								
Kerria japonica 'Pleniflora'	goldgelb					X	X	X	X	X				
Koelreuteria paniculata	gelb							X	X					

Art	Farbe	Blütezeit (Kalendermonate)												
		1	2	3	4	5	6	7	8	9	10	11	12	Duft
Kolkwitzia amabilis	rosa/hellrosa, gelb gefleckt					X	X							X
Laburnum anagyroides	hellgelb					X	X							
Laburnum watereri 'Vossii'	leuchtend gelb					X	X							
Lavendula angustifolia (Sorten)	lilablau							X	X					X
Ledum (Arten)	weiß					X	X							
Lespedeza bicolor	rosa							X	X	X				
Lespedeza thunbergii	kräftig purpur-rosa									X	X			
Leucothoe walteri (Sorten)	weiß					X	X							
Ligustrum (Arten/Sorten)	weiß						X	X						X teil-weise
Lonicera acuminata	weiß-gelb						X	X						
Lonicera alpigena	braun-rot					X	X							
Lonicera brownii 'Dropmore Scarlet'	lebhaft-orange-rot						X	X	X	X				
Lonicera caerulea	gelblich-weiß				X	X								
Lonicera caprifolium	weiß bis creme-gelb, rot überhaucht					X	X							X
Lonicera heckrottii	karminrot, innen weiß						X	X	X	X				X
Lonicera henryi	gelb						X							X
Lonicera japonica 'Aureoreticulata'	weiß						X	X	X					
Lonicera korolkowii zabelii	weißlich-rosa						X							
Lonicera ledebourii	gelb, zartorange überhaucht						X	X						
Lonicera maackii	rahmweiß					X	X							X
Lonicera nitida (Sorten)	weiß					X								
Lonicera periclymenum	weiß-rosa						X	X	X					X
Lonicera pileata (Sorten)	blassgelb					X								
Lonicera purpusii	weiß	X	X	X	X								X	X
Lonicera tatarica	rosa, hellrosa, weiß					X	X							
Lonicera tatarica 'Arnold Red'	dunkelrot					X	X	X						
Lonicera tellmanniana	leuchtend orange-gelb						X	X	X	X	X			
Lonicera xylosteoides 'Clavey Dwarf'	weiß-gelb					X	X							
Lonicera xylosteum	weiß					X								
Lycium barbarum	purpur-lila					X	X	X	X	X				
Magnolia acuminata	grün-gelb						X	X						X
Magnolia grandiflora	weiß					X	X	X	X					X
Magnolia kobus	weiß				X	X								X

Art	Farbe	Blütezeit (Kalendermonate)												
		1	2	3	4	5	6	7	8	9	10	11	12	Duft
Magnolia loebneri 'Merrill'	weiß				X	X								X
Magnolia loebneri 'Leonard Messel'	hell-lilarosa, innen weiß				X									X
Magnolia liliiflora (Sorten)	pupur-rot, weiß				X	X	X							X
Magnolia sieboldii	seidigweiß, innen karminrot-violett						X	X						X
Magnolia soulangiana	rosa bis rosaweiß				X	X								X
Magnolia stellata	weiß				X									X
Magnolia tripetala	weiß						X	X						X
Magnolia virginiana	weiß						X	X	X	X	X			X
Mahonia (Arten/Sorten)	goldgelb				X	X								X
Malus (Arten/Sorten)	weiß, rosa, rot				X	X								
Mespilus germanica	weiß					X	X							
Morus (Arten/Sorten)	gelblich-grün					X	X							
Myrica gale	hellbraune Ähren			X	X									
Osmanthus heterophyllus	weiß									X	X			X
Ostrya carpinifolia	grün-gelb			X	X	X								
Pachysandra terminalis	weiß				X	X								
Parrotia persica	rot			X	X									
Parthenocissus quinquefolia (Sorten)	grün-weiß						X	X						
Parthenocissus tricuspidata (Sorten)	gelb						X	X						
Paulownia tomentosa	violett				X	X								
Perovskia abrotanoides	lilablau							X	X	X	X			X
Phellodendron amurense	grünlich-gelb						X							
Philadelphus (Sorten)	weiß						X	X						X
Photinia villosa	weiß						X							
Physocarpus opulifolius	weiß bis weißlich rosa						X	X						
Pieris (Arten/Sorten)	weiß, selten rot			X	X	X								
Polygonum aubertii	weiß							X	X	X				
Populus nigra (Sorten)	grünlich, gelbrot			X	X									
Populus tremula	silbrig-graue			X										
Potentilla fruticosa (Sorten)	gelb od. weiß, selten rot-rosa						X	X	X	X	X			
Prunus 'Accolade'	reinrosa				X									
Prunus avium (Sorten)	weiß				X	X								
Prunus blireana	rosa			X	X									
Prunus cerasifera	weiß			X	X									
Prunus cistena	hellrosa bis weiß				X	X								
Prunus dulcis	weiß bis rosa				X									
Prunus fruticosa 'Globosa'	weiße Dolden				X									

Art	Farbe	Blütezeit (Kalendermonate)												
		1	2	3	4	5	6	7	8	9	10	11	12	Duft
Prunus gondouinii 'Schnee'	rein-weiß				X	X								
Prunus hillieri 'Spire'	hellrosa				X									
Prunus kurilensis 'Brillant'	rein-weiß			X	X									
Prunus kurilensis 'Ruby'	rosa				X	X								
Prunus laurocerasus (Sorten)	weiß					X	X							
Prunus lusitanica	weiß						X							
Prunus maackii	weiß				X									
Prunus mahaleb	weiß				X									
Prunus padus	weiß				X	X								
Prunus sargentii	rosa				X									
Prunus serotina	weiß					X	X							
Prunus serrulata (Sorten)	rosa, weiß				X	X								X
Prunus spinosa	weiß			X	X									
Prunus subhirtella (Sorten)	Knospe rosa, dann weiß			X	X	X								
Prunus triloba	rosa bis weißlich-rosa				X	X								
Prunus virginiana 'Shubert'	weiß					X								
Prunus yedoensis	blendend weiß			X	X									X
Ptelea trifoliata	grün-gelb						X							X
Pterocarya fraxinifolia	gelb-grüne Kätzchen				X									
Pyracantha (Garten-Hybriden)	weiß					X	X							
Pyrus (Arten)	weiß				X	X								
Quercus (Arten)	grün					X								
Rhamnus catharticus	gelb-grün					X	X							
Rhamnus frangula 'Sternchen'	grünlich-weiß					X	X							
Rhododendron (Arten/Sorten)	weiß, rosa, rot				X	X	X							X
Rhodotypos scandens	weiß					X	X							
Rhus (Arten)	gelblich-grüne Rispen						X	X						
Ribes alpinum (Sorten)	gelb-grün				X	X								
Ribes aureum	gold-gelb				X	X								X
Ribes divaricatum	grün				X	X								
Ribes nigrum	grünrot				X	X								
Ribes sanguineum (Sorten)	karminrot				X									
Robinia (Arten)	weiß, purpur-rot					X	X							
Robinia pseudoacacia 'Semperflorens'	weiß						X	X	X	X				X
Rosa arvensis	weiß							X						X
Rosa blanda	rosa						X	X						X
Rosa canina	blass-rosa od. weiß						X	X						X
Rosa carolina	kräftig-rosa						X	X	X					X

Art	Farbe	Blütezeit (Kalendermonate)												
		1	2	3	4	5	6	7	8	9	10	11	12	Duft
Rosa gallica	rosakarmin						X	X						X
Rosa jundzillii	dunkelrosa						X	X						X
Rosa majalis	karminrot					X	X	X						X
Rosa moyesii	karminrot bis dunkelrot						X							X
Rosa multiflora	weiß						X	X						X
Rosa nitida	rosa						X	X						X
Rosa pendulina	purpur					X	X	X	X					X
Rosa pimpinellifolia	creme-weiß					X	X							X
Rosa rubiginosa	rosarot						X	X						X
Rosa rugosa	rosa od. karmin-rot						X	X	X	X				X
Rosa rugotida	karmin-rosa						X	X	X	X				X
Rosa tomentosa	rosa						X	X						X
Rosa villosa	rosenrot					X	X							X
Rosa virginiana	rosa													X
Rosa vosagiaca	rosa						X	X						X
Rosa (Kultursorten)	verschieden					X	X	X	X	X				X
Rubus fruticosus	weiß oder rosa						X	X	X	X				
Rubus idaeus	grünlich-weiß					X	X							
Rubus odoratus	purpur-rot						X	X	X					X
Salix (Arten)	silbrig, dann gelb	X	X	X	X									
Sambucus nigra	weiß						X	X						X
Sambucus racemosa	gelb, weißlich, grüne				X									
Skimmia japonica (Sorten)	gelblich-weiße					X	X							X
Sophora japonica (Sorten)	creme-weiß								X					
Sorbaria sorbifolia	weiß						X	X						
Sorbus (Sorten)	weiß					X								
Spiraea arguta	weiß				X	X								X
Spiraea betulifolia	weiß						X							
Spiraea billardii 'Triumphans'	purpur-rosa						X	X	X					
Spiraea cinerea 'Grefsheim'	weiß				X	X								
Spiraea decumbens	weiß						X							
Spiraea japonica (Sorten)	weiß, rot						X	X	X	X				X
Spiraea nipponica (Sorten)	reinweiß					X	X							
Spiraea prunifolia	weiß					X								
Spiraea thunbergii	weiß			X	X									
Spiraea vanhouttei	weiß					X								
Staphylea colchica	cremeweiß					X	X							X
Stephanandra (Arten/Sorten)	weiß						X	X						
Symphoricarpus albus laevigatus	weiß									X	X	X	X	

Art	Farbe	Blütezeit (Kalendermonate)												Duft
		1	2	3	4	5	6	7	8	9	10	11	12	
Symphoricarpus chenaultii (Sorten)	rötlich						X	X	X	X				
Symphoricarpus doorenbosii (Sorten)	lila, purpur							X	X	X				
Symphoricarpus orbiculatus	purpur-rot									X	X	X	X	
Syringa chinensis (Sorten)	lilarosa				X	X	X							X
Syringa (Arten)	dunkelviolett					X	X	X						X
Syringa vulgaris (Sorten)	weiß, lila					X								X
Tamarix parviflora	hellrosa					X	X							
Tamarix ramosissima	hellrosa							X	X	X				
Tamarix tetrandra	rosa				X	X								
Tilia americana (Sorten)	hellgelb							X						X
Tilia cordata (Sorten)	gelb							X						X
Tilia euchlora	gelb							X						X
Tilia flavenscens 'Glenleven'	hellgelb						X	X						X
Tilia platyphyllos (Sorten)	gelb						X	X						X
Tilia tomentosa (Sorten)	weiß-gelb							X	X					X
Ulex europaeus	gelb				X	X	X							
Ulmus (Arten)	braun-rot		X	X	X									
Vaccinium (Arten/Sorten)	weiß bis hellrosa					X								
Viburnum bodnantense 'Dawn'	hellrosa, weiß	X	X	X	X							X	X	X
Viburnum (Arten/Sorten)	rosa-weiß				X	X	X							X
Viburnum farrerii	rosa-weiß		X	X	X							X		X
Viburnum lantana	cremeweiß				X	X								
Viburnum opulus	weiß, creme, rosa-weiß					X	X							
Viburnum plicatum 'Watanabe'	weiß						X	X	X					
Vinca (Arten)	hellblau				X	X								
Vitis coignetiae	bräunlich						X							
Weigela (Sorten)	rubinrot					X	X							
Wisteria (Arten)	violett-blau					X	X							X

Duftende Gehölze

Gerüche werden unterschiedlich wahrgenommen. Was für die einen angenehm herb riecht, erscheint anderen eher widerlich. Dieses subjektive Empfinden muss natürlich in der folgenden Tabelle berücksichtigt werden.

Düfte sind selbständig entstehende Gerüche, die meist als angenehm empfunden werden. Bei widerlichen Gerüchen spricht man vielmehr von Gestank. Aromen entstehen erst dann, wenn entsprechende Pflanzenteile gerieben werden oder durch Wärme oder starke Sonneneinstrahlung freigesetzt werden. Nicht nur Blüten können duften, sondern auch andere Pflanzenteile wie Blätter oder Früchte. Duftende Blüten sind bereits im Blütezeitkalender aufgelistet. In dieser Tabelle geht es um andere duftende Pflanzenteile, wobei nicht zwischen Duft und Aroma unterschieden wird.

Lavandula angustifolia

Duftende Gehölze

Laubgehölze	Duftende Pflanzenteile
Buxus sempervirens (Sorten)	Blüten, Blätter – streng
Calycanthus floridus	Blüten, Blätter
Caryopteris clandonensis (Sorten)	Blüten, Blätter
Cercidiphyllum japonicum	Blätter zur Zeit der einsetzenden Herbstfärbung und der durch Spätfröste zurückgefrorene junge Austrieb
Chaenomeles (Arten/Sorten)	Früchte
Clerodendrum trichotomum (Sorten)	Blüten, Blätter, teils unangenehm
Cydonia oblonga (Sorten)	Früchte
Juglans (Arten/Sorten)	Blätter, Früchte
Lavandula angustifolia (Sorten)	Blüten, Blätter
Perovskia (Arten/Sorten)	Blüten, Blätter
Poncirus trifoliata	Blüten, Früchte
Populus balsamifera	Rinde, Blätter
Populus berolinensis	Rinde
Prunus laurocerasus (Sorten)	Blätter
Prunus padus	Blüten, Rinde, teils unangenehm
Ptelea trifoliata	Blüten, Blätter
Ribes aureum	Blüten (Blätter)
Ribes nigrum	Blätter, Holz
Ribes sanguineum	Blätter, Blüten
Rosa rubiginosa	Blätter, Blüten
Salix balsamifera mas	Blätter
Sambucus nigra	Blüten, Blätter

Nadelgehölze	Duftende Pflanzenteile
Abies (Arten/Sorten)	Nadeln
Cedrus (Arten/Sorten)	Nadeln
Chamaecyparis (Arten/Sorten)	Nadeln
Juniperus (Arten/Sorten)	Früchte
Pinus (Arten/Sorten)	Nadeln
Pseudotsuga menziesii caesia	Nadeln
Thuja (Arten/Sorten)	Nadeln
Tsuga canadensis (Sorten)	Nadeln

Verwendung und Einsatzmöglichkeiten

Welches Gehölz passt in meinen Garten? Diese Frage stellen sich nicht nur Hobbygärtner. Auch der erfahrene Gartenprofi steht immer wieder vor dem Problem, für den vorgeschriebenen Standort oder für bestimmte Kundenwünsche die geeigneten Gehölze zu benennen.

Eine detaillierte Recherche ist häufig sehr zeitaufwändig. Nachfolgend finden sich Vorschläge für die Verwendung von Gehölzen nach unterschiedlichen Vorgaben.

Diese Vorschläge sind weder vollständig noch verbindlich. Unterschiedliche externe Faktoren, die bei den Verträglichkeiten beschrieben werden, können einen erheblichen Einfluss auf die Entwicklung der Gehölze am vorgeschlagenen Standort haben und sollten somit unbedingt mit berücksichtigt werden.

Verwendung nach Einsatzort

Die in diesem Kapitel vorgeschlagenen Standorte sollen stellvertretend für weitere Standorte im Garten und im städtischen Siedlungsbereich dienen, die in vielen Aspekten vergleichbar sind. Gehölze für die freie Landschaft bleiben hier unberücksichtigt.

Verwendung bei minimalem Wurzelraum

Biotope mit geringem Wurzelraum wie Pflanzgefäße oder Steingärten sind problematisch für Pflanzen, was Wasserhaushalt und die Frosthärte betrifft. Auch die Wuchsgröße stellt in diesen Fällen oft einen limitierenden Faktor dar. Die folgenden Arten kommen gut mit den extremen Bedingungen zurecht.

Picea glauca 'Echiniformis' im Trog

Laubgehölze für Pflanzgefäße und wenig Wurzelraum

Art	Kübel, Trog/ Balkonkasten	Dach- garten	Stein-/ Heidegarten
Acer campestre		X	
Acer ginnala	X	X	
Acer japonica 'Aconitifolium'	X		X
Acer palmatum (Sorten)	X		
Aesculus parviflora	X		
Amelanchier laevis	X	X	X
Aralia elata	X		
Arctostaphylos uva-ursi			X
Berberis (Arten/Sorten)		X	
Berberis buxifolia 'Nana'	X	X	X
Berberis candidula 'Jytte'	*x*		
Berberis media (Sorten)	X		
Berberis thunbergii 'Atropurpurea Nana'	X	X	X
Berberis thunbergii 'Green Carpet'			
Berberis thunbergii 'Kobold'			
Betula nana	X		X
Buddleia alternifolia		X	X
Buddleia davidii (Sorten)	X	X	
Buxus sempervirens 'Suffruticosa'	X	X	
Calluna vulgaris (Sorten)	X		X
Caryopteris (Sorten)	X	X	X
Chaenomeles (Sorten)	X	X	X
Clematis alpina			X
Cornus alternifolia			X
Cornus canadensis			X
Corylopsis (Arten)			X
Corylus avellana 'Contorta'			X
Cotinus (Arten/Sorten)	X	X	X
Cotoneaster adpressus	X	X	X
Cotoneaster dammeri (Sorten)	X	X	
Cotoneaster horizontalis	X	X	
Cotoneaster sternianus			X
Crataegus coccinea			X
Cytisus (Arten/Sorten)	X	X	X
Daphne (Arten/Sorten)			X
Deutzia gracilis		X	
Deutzia magnifica		X	
Elaeagnus multiflora	X	X	X
Empetrum nigrum			X
Enkianthus campanulatus			X
Erica (Arten/Sorten)	X		X

Laubgehölze für Pflanzgefäße und wenig Wurzelraum

Art	Kübel, Trog/ Balkonkasten	Dach- garten	Stein-/ Heidegarten
Euonymus alatus 'Compactus'		X	X
Euonymus fortunei 'Emerald'n Gold'	X		
Euonymus fortunei (Sorten)	X	X	X
Euonymus yedoensis			X
Fothergilla (Arten)	X		X
Gaultheria (Arten)			X
Gaultheria procumbens	X		X
Genista (Arten/Sorten)	X		
Hedera helix 'Arborescens'		X	
Hedera helix 'Conglomerata'	X		X
Hedera helix 'Sagittifolia'	X		X
Hippophae rhamnoides			X
Hydrangea aspera macrophylla	X	X	X
Hydrangea paniculata 'Grandiflora'	X		X
Hydrangea petiolaris	X	X	
Hydrangea sargentiana	X		X
Hypericum 'Hidcote'		X	X
Hypericum moserianum		X	X
Ilex aquifolium 'Alaska'			X
Ilex crenata 'Golden Gem'	X	X	X
Ilex crenata 'Stokes'	X	X	X
Ilex crenata (Sorten)		X	X
Ilex meserveae (Sorten)		X	X
Jasminum nudiflorum	X	X	
Kalmia angustifolia 'Rubra'			X
Kerria japonica	X	X	
Kolkwitzia amabilis		X	
Lavandula angustifolia	X		X
Lespedeza thunbergii		X	X
Leucothoe catesbaei			X
Lonicera nitida 'Maigrün'	X	X	
Mahonia aquifolium 'Apollo'	X	X	X
Nothofagus antarctica	X		
Pachysandra terminalis	X		
Pernettya mucronata (Sorten)	X		X
Persovskia (Sorten)		X	X
Philadelphus 'Manteau d'Hermine'			X
Philadelphus 'Dame Blanche'			X
Philadelphus 'Albatre'			X
Philadelphus 'Belle Etoile'			X
Photinia villosa			X

Art	Kübel, Trog/ Balkonkasten	Dach- garten	Stein-/ Heidegarten
Pieris japonica (Sorten)			X
Potentilla 'Goldstar'	X		
Potentilla 'Goldteppich'	X		
Potentilla (Sorten)	X	X	X
Prunus mahaleb		X	
Prunus laurocerasus (Sorten)	X	X	
Pyracantha (Sorten)	X	X	X
Pyrus salicifolia		X	
Rhododendron (Sorten)	X		X
Ribes alpinum 'Schmidt'		X	
Rosa – Beetrosen	X	X	X
Rosa – Bodendecker	X	X	X
Rosa – Zwergrosen	X	X	X
Rosa carolina			X
Rosa glauca		X	X
Rosa nitida			X
Rosa pimpinellifolia			X
Rosa rugotida			X
Salix caprea 'Pendula'	X		
Salix grahamii			X
Salix hastata 'Wehrhahnii'			X
Salix purpurea 'Pendula'			
Salix simulatrix			X
Skimmia (Arten/Sorten)			X
Spiraea japonica 'Little Princess'	X	X	X
Spiraea thunbergii	X		X
Stranvaesia davidiana			X
Syringa meyeri 'Palibin'	X	X	
Syringa microphylla 'Superba'	X	X	
Tamarix (Arten/Sorten)		X	
Vaccinum vitis-idaea 'Koralle'			X
Viburnum carlesii		X	
Viburnum davidii	X		X
Viburnum plicatum		X	
Vinca minor	X		X
Weigela (Sorten)		X	

Nadelgehölze für Pflanzgefäße und wenig Wurzelraum

Art	Kübel, Trog/ Balkonkasten	Dach- garten	Stein-/ Heidegarten
Abies balsamea 'Nana'	X		X
Abies procera 'Glauca'	X		
Chamaecyparis lawsoniana 'Ellwoodii'	X	X	
Chamaecyparis lawsoniana 'Minima Glauca'	X	X	
Chamaecyparis lawsoniana 'Tharandtensis'			X
Chamaecyparis optusa 'Nana Gracilis'	X		
Chamaecyparis pisifera 'Boulevard'	X	X	X
Chamaecyparis pisifera 'Filifera Aurea Nana'			X
Chamaecyparis pisifera 'Filifera Nana'			X
Chamaecyparis pisifera 'Sungold'	X		X
Juniperus communis 'Repanda'	X		
Juniperus communis 'Hibernica'		X	X
Juniperus communis 'Hornibrookii'		X	X
Juniperus communis 'Meyer'		X	X
Juniperus communis 'Repanda'		X	
Juniperus communis 'Suecica'		X	X
Juniperus horizontalis	X		
Juniperus horizontalis 'Glauca'	X	X	
Juniperus media 'Mint Julep'	X		
Juniperus media 'Old Gold'	X		X
Juniperus scopulorum 'Skyrocket'	X		X
Juniperus squamata 'Blue Star'	X		X
Picea abies 'Echiniformis'	X		X
Picea abies 'Little Gem'	X		X
Picea abies 'Pumila Glauca'	X	X	X
Picea abies 'Pygmaea'	X		X
Picea glauca 'Alberta Globe'	X		X
Picea glauca 'Echiniformis'	X		X
Picea mariana 'Nana'			X
Picea omorika 'Nana'	X		X
Pinus mugo (Sorten)	X	X	X
Pinus parviflora 'Glauca'	X	X	X
Pinus peuce			X
Pinus pumila 'Glauca'	X		X
Pinus strobus 'Radiata'	X		X
Pinus sylvestris 'Fastigiata'	X	X	X
Pinus sylvestris 'Watereri'	X		X
Taxus baccata 'Dovastoniana'		X	
Taxus baccata Nissens-Typen		X	
Taxus baccata 'Repandens'		X	
Thuja occidentalis 'Danica'	X		X
Thuja occidentalis 'Tiny Tim'	X		X
Tsuga canadensis 'Jeddeloh'	X		X

Stadt- und Siedlungsbereich

Als stadtklimatolerant werden die Gehölze bezeichnet, die mit den in der Stadt herrschenden klimatischen Bedingungen (höhere Temperaturen, ausgeprägtere Windfelder, extremere Niederschlagsverteilung) besser fertig werden.

Industriefestigkeit zeichnet sich aus durch Toleranzen gegenüber Schadstoffen in Boden und Luft.

Die Gartenamtsleiterkonferenz (GALK) des deutschen Städtetages gibt in regelmäßigen Abständen Straßenbaumlisten heraus. Hier werden Bäume aufgelistet, die durch Versuche und/oder durch Erfahrungen gut an die innerstädtischen Gegebenheiten angepasst sind.

Acer platanoides 'Emerald Queen' in der Stadt

Laubgehölze für den Stadtbereich

Art	Stadtklima-tolerant	Industriefest	GALK-Empfehlung	Park (einzelstehend)	Parkplätze	Fußgängerzone/ Fußgängerbereich
Acanthopanax sieboldianus	X					
Acer campestre	X	X	X			X
Acer campestre 'Elsrijk'	X	X	X			
Acer ginnala		X				
Acer monspessulanum	X		X			
Acer negundo (Sorten)	X	X		X		
Acer pensylvanicum				X		X
Acer platanoides	X	X	X	X	X	
Acer platanoides 'Allershausen'	X	X	X			
Acer platanoides 'Apollo'	X	X	X			
Acer platanoides 'Cleveland'	X	X	X		X	X
Acer platanoides 'Columnare'	X	X	X		X	X
Acer platanoides 'Crimson King'	X	X		X	X	
Acer platanoides 'Deborah'	X	X	X			
Acer platanoides 'Emerald Queen'	X	X	X	X	X	
Acer platanoides 'Faassen's Black'	X	X		X	X	
Acer platanoides 'Farlake's Green'	X	X	X			
Acer platanoides 'Globosum'	X	X	X		X	X
Acer platanoides 'Olmstedt'	X	X	X			
Acer platanoides 'Reitenbachii'	X	X			X	X
Acer platanoides 'Royal Red'	X	X	X			
Acer platanoides 'Schwedleri'	X	X		X	X	
Acer platanoides 'Summershade'	X	X	X	X		
Acer pseudoplatanus				X		
Acer pseudoplatanus 'Erectum'				X	X	
Acer pseudoplatanus 'Negenia'				X	X	
Acer pseudoplatanus 'Rotterdam'				X	X	
Acer pseudoplatanus 'Spaethii'				X	X	
Acer rubrum		X	X	X		
Acer rubrum 'Armstrong'		X	X			
Acer rubrum 'Scanlon'		X	X			
Acer rufinerve				X		X
Acer saccharinum	X	X		X	X	X
Acer saccharinum 'Borns Graciosa'	X	X		X	X	X
Acer saccharinum 'Wieri'	X	X		X		X
Actinidia arguta	X	X				
Aesculus carnea 'Briotii'	X	X	X	X	X	X

Art	Stadtklima-tolerant	Industriefest	GALK-Empfehlung	Park (einzelstehend)	Parkplätze	Fußgängerzone/ Fußgängerbereich
Aesculus hippocastanum			X	X		
Aesculus hippocastanum 'Baumannii'			X	X	X	
Aesculus parviflora	X	X				
Ailanthus altissima	X	X	X	X		
Alnus cordata	X	X	X	X		
Alnus glutinosa		X				
Alnus incana		X				
Alnus spaethii			X			
Amelanchier (Arten/Sorten)	X	X				
Aronia melanocarpa	X					
Berberis (Arten/Sorten)	X	X				
Betula albosinensis				X		
Betula ermanii				X		
Betula maximowicziana				X		
Betula nigra				X		
Betula papyrifera		X	X	X		
Betula pendula	X	X	X	X		
Betula pendula 'Dalecarlica'				X		
Betula pendula 'Purpurea'				X		
Betula pendula 'Tristis'				X		
Betula platyphylla japonica				X		
Betula utilis			X	X		
Buxus sempervirens (Sorten)	X	X				
Calluna vulgaris (Sorten)		X				
Campsis (Arten/Sorten)	X	X				
Caragana arborescens	X	X				
Carpinus betulus	X		X	X		
Carpinus betulus 'Fastigiata'	X		X		X	
Carpinus betulus 'Frans Fontaine'	X		X			
Castanea sativa	X	X		X		
Catalpa bignonioides		X	X	X		
Catalpa bignonioides 'Nana'	X	X			X	
Celastris orbiculatus	X	X				
Celtis australis	X	X	X			
Cercidiphyllum japonicum			X	X		
Cercis siliquastrum	X					
Colutea arborescens	X	X				
Cornus florida (Sorten)		X				

Laubgehölze für den Stadtbereich

Art	Stadtklima-tolerant	Industriefest	GALK-Empfehlung	Park (einzelstehend)	Parkplätze	Fußgängerzone/ Fußgängerbereich
Cornus mas	X	X				
Cornus sanguineum	X	X				
Cornus stolonifera (Sorten)	X	X				
Corylus avellana		X				
Corylus colurna	X	X	X	X		
Cotoneaster (Arten/Sorten)	X	X				
Cotynus coggygria (Sorten)	X					
Crataegus crus-galli	X	X	X		X	
Crataegus laevigata 'Paul's Scarlet'	X		X		X	
Crataegus lavallei 'Carrierei'	X	X	X		X	
Crataegus monogyna 'Stricta'	X	X	X			
Crataegus prunifolia	X	X	X			
Cytisus (Arten/Sorten)	X	X				
Daphne mezereum		X				
Davidia involucrata vilmoriniana				X		
Elaeagnus angustifolia	X	X				
Elaeagnus commutata	X	X				
Elaeagnus multiflora	X	X				
Erica carnea (Sorten)		X				
Erica vagans (Sorten)		X				
Euonymus fortunei (Sorten)	X	X				
Genista (Arten/Sorten)	X	X				
Fagus sylvatica		X		X		
Fagus sylvatica 'Asplenifolia'		X		X		
Fagus sylvatica 'Atropunicea'		X		X		
Fagus sylvatica 'Pendula'		X		X		
Fagus sylvatica 'Purpurea Pendula'		X		X		
Fagus sylvatica 'Swat Margret'		X		X		
Fagus sylvatica purpurea		X		X		
Fraxinus angustifolia 'Raywood'	X		X			
Fraxinus excelsior		X	X	X		
Fraxinus excelsior 'Altena'			X			
Fraxinus excelsior 'Atlas'			X			
Fraxinus excelsior 'Diversifolia'			X	X	X	X
Fraxinus excelsior 'Doorenbos'				X		
Fraxinus excelsior 'Geessink'			X			
Fraxinus excelsior 'Globosa'			X			

Art	Stadtklima-tolerant	Industriefest	GALK-Empfehlung	Park (einzelstehend)	Parkplätze	Fußgängerzone/ Fußgängerbereich
Fraxinus excelsior 'Nana'					X	X
Fraxinus excelsior 'Pendula'						X
Fraxinus excelsior 'Westhof's Glorie'			X	X		
Fraxinus ornus	X		X	X		X
Fraxinus ornus 'Rotterdam'	X					
Fraxinus pensylvanica			X			
Gleditsia triacanthos	X	X		X	X	
Gleditsia triacanthos inermis	X	X	X			
Gleditsia triacanthos 'Skyline'	X	X	X	X	X	X
Gleditsia triacanthos 'Sunburst'	X	X	X	X	X	X
Gymnoclaudus dioicus				X		
Halimodendron halodendron		X				
Hedera helix (Sorten)	X	X				
Hibiscus syriacus (Sorten)	X					
Hippophae rhamnoides	X	X				
Hydrangea petiolaris	X					
Jasminum nudiflorum	X					
Juglans (Arten)	X	X		X		
Koelreuteria paniculata	X		X			
Kolkwitzia amabilis	X	X				
Laburnum watereri 'Vossii'	X			X	X	
Ligustrum (Arten/Sorten)	X	X				
Liquidambar styraciflua			X	X		
Liquidambar styraciflua 'Moraine'			X			
Liquidambar styraciflua 'Paarl'			X			
Liriodendron tulipifera		X	X	X		
Liriodendron tulipifera 'Fastigiata'		X	X			
Lonicera (Arten/Sorten)		X				
Lycium barbarum	X	X				
Magnolia kobus			X			
Mahonia (Arten/Sorten)						
Malus (Arten/Sorten)			X	X		
Mespilus germanica	X					
Morus (Arten)	X	X				
Nothofagus antarctica	X					
Ostrya carpinifolia	X		X			
Parthenocissus (Arten/Sorten)	X	X				
Paulownia tomentosa	X	X		X		X

Laubgehölze für den Stadtbereich

Art	Stadtklima-tolerant	Industriefest	GALK-Empfehlung	Park (einzelstehend)	Parkplätze	Fußgängerzone/ Fußgängerbereich
Philadelphus (Arten/Sorten)	X					
Photinia villosa	X					
Physocarpus opulifolius	X	X				
Platanus hispanica	X	X	X	X	X	X
Polygonum aubertii						
Populus alba 'Nivea'		X		X		
Populus balsamifera				X		
Populus berolinensis	X	X	X	X		
Populus canescens	X			X		
Populus lasiocarpa				X		
Populus nigra 'Italica'						
Populus simonii	X		X	X		
Populus tremula	X	X		X		
Potentilla fruticosa	X					
Prunus avium		X		X		
Prunus avium 'Plena'			X	X		
Prunus cerasifera 'Nigra'	X	X			X	X
Prunus laurocerasus (Sorten)		X				
Prunus mahaleb	X	X				
Prunus padus		X		X		
Prunus padus 'Schloss Tiefurt'			X			
Prunus sargentii			X			
Prunus sargentii 'Rancho'			X			
Prunus schmittii			X			
Prunus serotina	X	X		X		
Prunus serrulata 'Amanogawa'		X		X		X
Prunus serrulata 'Kanzan'		X		X		X
Prunus serrulata 'Pink Perfection'		X		X		X
Prunus serrulata 'Shirofugen'		X		X		X
Prunus serrulata 'Shirotae'		X		X		X
Prunus spinosa	X					
Prunus subhirtella				X		X
Prunus subhirtella 'Autumnalis'				X		X
Prunus subhirtella 'Fukubana'				X		X
Prunus tenella	X					
Ptelea trifoliata	X	X				
Ptelea trifoliata	X	X				

Art	Stadtklima-tolerant	Industriefest	GALK-Empfehlung	Park (einzelstehend)	Parkplätze	Fußgängerzone/ Fußgängerbereich
Pterocarya fraxinifolia				X		
Pyracantha (Arten/Sorten)	X	X				
Pyrus calleryana 'Chanticleer'	X	X	X			
Pyrus canescens	X		X			
Pyrus caucasica	X		X			
Pyrus communis 'Beech Hill'	X	X	X			
Pyrus pyraster		X				
Pyrus regelii	X		X			
Quercus cerris	X		X	X		
Quercus coccinea	X	X		X		
Quercus frainetto	X		X	X		
Quercus macranthera	X			X		
Quercus palustris	X	X	X	X		
Quercus petraea	X	X	X	X		
Quercus robur	X	X	X	X	X	
Quercus robur 'Fastigiata'	X	X	X	X		X
Quercus rubra	X	X	X	X		
Quercus turneri 'Pseudoturneri'	X	X		X		
Rhamnus catharticus	X	X				
Rhus typhina		X	X			
Ribes alpinum	X	X				
Ribes aureum	X	X				
Ribes divaricatum	X	X				
Robinia pseudoacacia	X	X	X	X		
Robinia pseudoacacia 'Bessoniana'	X	X	X		X	X
Robinia pseudoacacia 'Frisia'	X	X		X		X
Robinia pseudoacacia 'Monophylla'	X	X	X	X		
Robinia pseudoacacia 'Nyirsegi'	X	X	X			
Robinia pseudoacacia 'Pyramidalis'	X	X			X	X
Robinia pseudoacacia 'Sandraudiga'	X	X	X			
Robinia pseudoacacia 'Semperflorens'	X	X	X	X		X
Robinia pseudoacacia 'Umbraculifera'	X	X	X		X	X
Rosa – Kletterrosen		X				
Rosa canina	X	X				
Rosa carolina	X					
Rosa glauca	X					
Rosa nitida	X					
Rosa pimpinellifolia	X	X				

Laubgehölze für den Stadtbereich

Art	Stadtklima-tolerant	Industriefest	GALK-Empfehlung	Park (einzelstehend)	Parkplätze	Fußgängerzone/ Fußgängerbereich
Rosa rubiginosa	X	X				
Rosa rugosa	X	X				
Rosa virginiana	X					
Rubus fruticosus		X				
Salix alba	X		X			
Salix alba 'Liempde'		X		X		
Salix alba 'Tristis'		X		X		
Salix balsamifera mas	X	X				
Salix elaeagnos	X	X				
Salix purpurea	X	X				
Sambucus (Arten/Sorten)	X					
Sophora japonica	X	X	X	X		X
Sophora japonica 'Regent'	X	X	X			
Sorbus aria	X	X	X	X		
Sorbus aria 'Lutescens'	X	X	X	X	X	
Sorbus aria 'Magnifica'	X	X	X	X	X	
Sorbus aucuparia				X		
Sorbus aucuparia 'Fastigiata'				X		
Sorbus intermedia	X	X	X		X	X
Sorbus intermedia 'Brouwers'	X	X	X	X	X	X
Sorbus thuringiaca 'Fastigiata'	X	X	X	X		
Sorbus torminalis	X					
Spiraea japonica (Sorten)	X	X				
Syringa vulgaris	X	X				
Tamarix (Arten/Sorten)	X					
Tilia americana 'Nova'			X	X		
Tilia cordata	X	X	X			
Tilia cordata 'Erecta'	X		X			
Tilia cordata 'Greenspire'	X		X			
Tilia cordata 'Rancho'	X		X			
Tilia cordata 'Roelvo'	X		X			
Tilia euchlora	X		X	X		
Tilia europaea	X		X	X		
Tilia europaea 'Pallida'	X		X			
Tilia flavescens 'Glenleven'	X		X			
Tilia platyphyllos				X		
Ulmus 'Columella'			X			

Art	Stadtklima-tolerant	Industriefest	GALK-Empfehlung	Park (einzelstehend)	Parkplätze	Fußgängerzone/ Fußgängerbereich
Ulmus 'Dodoens'			X			
Ulmus glabra		X		X		
Ulmus glabra 'Pendula'				X		
Ulmus hollandica 'Commelin'				X		
Ulmus hollandica 'Groeneveld'				X		
Ulmus hollandica 'Lobel'			X			
Ulmus 'New Horizon'			X	X		
Ulmus 'Rebona'			X			
Ulmus 'Regal'			X	X		
Viburnum lantana	X					
Viburnum rhytidophyllum	X					
Vinca minor	X	X				
Vitis vinifera	X	X				
Weigela (Arten/Sorten)		X				
Wisteria (Arten/Sorten)	X	X				
Zelkova serrata			X			
Tilia tomentosa	X	X	X	X		
Tilia tomentosa 'Brabant'	X	X	X			
Ulex europaeus	X	X				
Ulmus carpinifolia		X		X		
Ulmus 'Clusius'			X			

Nadelgehölze für den Stadtbereich

Art	Stadtklima-tolerant	Industriefest	GALK-Empfehlung	Park (einzelstehend)	Parkplätze	Fußgängerzone/ Fußgängerbereich
Abies concolor	X			X		
Abies homolepsis	X			X		
Abies nordmanniana				X		
Abies veitchii				X		
Cedrus atlantica 'Glauca'	X	X		X		
Chamaecyparis lawsoniana	X	X		X		
Chamaecyparis lawsoniana 'Glauca Spek'	X	X		X		
Chamaecyparis lawsoniana 'Golden Wonder'	X	X		X		
Chamaecyparis lawsoniana 'Kelleriis Gold'	X	X		X		
Chamaecyparis lawsoniana 'Lane'	X	X		X		
Chamaecyparis lawsoniana 'Stewartii'	X	X		X		
Chamaecyparis nootkatensis 'Glauca'		X		X		
Chamaecyparis nootkatensis 'Pendula'		X		X		
Chamaecyparis pisifera 'Plumosa'		X		X		
Chamaecyparis pisifera 'Plumosa Aurea'		X		X		
Cupressocyparis leylandii				X		
Cupressocyparis leylandii 'Castlewellan Gold'				X		
Cupressocyparis leylandii 'Leighton Green'				X		
Ginkgo biloba	X	X	X	X		
Ginkgo biloba 'Princeton Sentry'		X	X			
Ginkgo biloba 'Fastigiata Blagon'		X	X			
Juniperus (Arten/Sorten)	X	X				
Larix decidua				X		
Larix decidua 'Pendula'				X		
Larix kaempferi		X		X		
Larix kaemperi 'Pendula'		X		X		
Metasequoia glyptostroboides		X	X	X		
Picea abies				X		
Picea abies 'Virgata'				X		
Picea breweriana		X		X		
Picea glauca	X					
Picea omorika		X		X		
Picea orientalis				X		
Picea pungens (Sorten)	X	X		X		
Picea sitchensis				X		
Pinus cembra	X			X		
Pinus contorta				X		

Art	**Stadtklima-tolerant**	**Industriefest**	**GALK-Empfehlung**	**Park (einzelstehend)**	**Parkplätze**	**Fußgängerzone/ Fußgängerbereich**
Pinus leucodermis	X			X		
Pinus mugo	X	X				
Pinus nigra nigra	X	X		X		
Pinus peuce	X			X		
Pinus ponderosa				X		
Pinus schwerinii				X		
Pinus sylvestris	X	X		X		
Pinus strobus				X		
Pinus wallichiana				X		
Pseudolarix amabilis				X		
Pseudotsuga menziesii caesia				X		
Sequoiadendron giganteum				X		
Taxodium distichum		X		X		
Taxus baccata		X		X		
Thuja occidentalis	X	X		X		
Thuja plicata 'Aurescens'		X		X		
Thuja plicata 'Excelsa'		X		X		
Thujopsis dolabrata		X				
Tsuga canadensis				X		
Tsuga diversifolia				X		
Tsuga mertensiana				X		

Verwendung nach Einsatzzweck

Ähnlich wie beim Einsatzort werden hier lediglich die in der Literatur genannten Gehölze aufgelistet. So können durchaus auch Gehölze für Einsatzzwecke geeignet sein, die hier nicht aufgelistet werden.

Für den Uferschutz genannte Gehölze sind grundsätzlich auch geeignet für übrige Uferzonen, Bäche und Fließgewässer. In der freien Landschaft sollten allerdings nur Gehölze verwendet werden, die auch als heimisch gelten. Ähnliches gilt für die übrigen Einsatzzwecke.

Beim Hangschutz werden auch Gehölze aufgelistet, die eine gute Rutschfestigkeit aufweisen und ebenso für den Lawinenschutz eingesetzt werden können.

Prunus padus: Uferschutz

Laubgehölze als Schutzpflanzen

Art	Windschutz	Lärmschutz	Uferschutz	Hang- und Böschungsschutz	Pioniergehölz	Vogelnährgehölz/ -schutz	Bienenweide
Acer campestre	X		X	X		X	X
Acer ginnala	X						
Acer negundo (Sorten)				X			X
Acer palmatum (Sorten)							
Acer platanoides (Sorten)	X		X	X		X	X
Acer pseudoplatanus (Sorten)	X	X	X	X		X	X
Acer rubrum							X
Acer rufinerve							X
Acer saccharinum (Sorten)				X			X
Actinidia (Arten/Sorten)						X	
Aesculus (Arten/Sorten)							X
Ailanthus altissima						X	
Alnus (Arten/Sorten)	X						X
Alnus cordata	X						
Alnus glutinosa	X		X	X		X	X
Alnus incana	X		X	X		X	X
Amelanchier (Arten)	X					X	X
Amelanchier rotundifolia						X	X
Amelancier laevis						X	X
Amorpha fruticosa							X
Aronia (Arten)						X	
Berberis stenophylla						X	
Berberis thunbergii (Sorten)						X	
Berberis wilsoniae subcauliata						X	
Berberis vulgaris				X	X	X	X
Betula nana						X	
Betula nigra						X	
Betula pendula (Sorten)	X		X	X	X	X	
Betula platyphylla						X	
Betula pubescens			X		X	X	
Betula utilis						X	
Buddleia alternifolia							X
Buxus (Arten/Sorten)						X	X
Calluna vulgaris (Sorten)					X		X
Caragana arborescens	X			X		X	X
Carpinus betulus (Sorten)	X	X	X	X		X	
Caryopteris (Sorten)							X

Laubgehölze als Schutzpflanzen

Art	Windschutz	Lärmschutz	Uferschutz	Hang- und Böschungsschutz	Pioniergehölz	Vogelnährgehölz/ -schutz	Bienenweide
Castanea sativa							X
Catalpa bignonioides							X
Celastrus orbiculatus						X	
Chaenomeles (Arten/Sorten)				X		X	X
Chaenomeles lagenaria				X		X	
Clematis (Arten/Sorten)				X		X	X
Clethra alnifolia und 'Rosea'							X
Colutea arborescens						X	X
Cornus alba (Sorten)	X		X	X		X	
Cornus mas	X			X		X	X
Cornus sanguinea	X			X		X	
Cornus stolonifera 'Flaviramea'				X		X	
Corylus avellana	X		X	X		X	X
Corylus colurna							X
Corylus maxima 'Purpurea'							X
Cotoneaster (Arten/Sorten)	X			X			
Cotoneaster bullatus							X
Cotoneaster microphyllus 'Cochleatus'							X
Cotoneaster multiflorus						X	X
Cotoneaster praecox							X
Cotoneaster salicifolius floccosus						X	X
Cotoneaster watereri							X
Crataegus coccinea	X			X			
Crataegus crus-galli						X	X
Crataegus laevigata				X			
Crataegus lavallei 'Carrierei'						X	X
Crataegus monogyna	X		X	X			
Crataegus prunifolia	X			X		X	X
Cytisus (Arten/Sorten)				X	X		X
Daphne mezereum						X	X
Deutzia (Arten/Sorten)							X
Elaeagnus angustifolia	X			X			X
Elaeagnus commutata				X		X	X
Elaeagnus multiflora						X	X
Elaeagnus pungens 'Maculata'							X
Erica carnea (Sorten)							X
Erica tetralix (Sorten)							X
Erica vagans (Sorten)							X

Art	Windschutz	Lärmschutz	Uferschutz	Hang- und Böschungsschutz	Pioniergehölz	Vogelnährgehölz/-schutz	Bienenweide
Euodia (Arten)							X
Euonymus alatus						X	
Euonymus europaeus	X		X			X	X
Euonymus fortunei vegetus							X
Euonymus fortunei (Sorten)							X
Fagus sylvatica (Sorten)	X	X	X	X		X	X
Forsythia (Arten/Sorten)							X
Fraxinus excelsior (Sorten)	X			X	X		X
Fraxinus ornus							X
Genista (Arten/Sorten)							X
Genista tinctoria							X
Gleditsia triacanthos (Sorten)						X	X
Hedera helix (Sorten)				X		X	X
Hedera hibernica						X	
Hibiscus (Sorten)							X
Hippophae rhamnoides	X		X	X	X	X	
Holodiscus discolor ariifolius							X
Hydrangea (Arten/Sorten)							X
Hydrangea petiolaris						X	
Ilex aquifolium (Sorten)		X				X	X
Jasminum nudiflorum							X
Koelreuteria paniculata							X
Laburnum (Arten/Sorten)							X
Laburnum watereri 'Vossii'							X
Lavandula angustifolia							X
Ligustrum obtusifolium regelianum	X					X	X
Ligustrum ovalifolium	X			X		X	X
Ligustrum vulgare (Sorten)	X		X	X	X	X	X
Liriodendron tulipifera							X
Lonicera caerulea						X	X
Lonicera (Kletter-Sorten)						X	X
Lonicera korolkowii						X	X
Lonicera ledebourii				X		X	X
Lonicera maackii						X	X
Lonicera tatarica	X					X	X
Lonicera xylosteum	X		X	X		X	X
Lycium barbarum	X			X		X	X
Mahonia aquifolium (Sorten)						X	X
Malus (Arten/Sorten)						X	X

Laubgehölze als Schutzpflanzen

Art	Windschutz	Lärmschutz	Uferschutz	Hang- und Böschungsschutz	Pioniergehölz	Vogelnährgehölz/-schutz	Bienenweide
Malus sargentii							X
Pachysandra terminalis (Sorten)							X
Parthenocissus (Arten/Sorten)						X	X
Paulownia tomentosa							X
Philadelphus (Arten/Sorten)							X
Photinia villosa						X	X
Physocarpus opulifolius	X			X		X	X
Polygonum aubertii						X	
Populus alba	X			X	X		X
Populus balsamifera	X			X			X
Populus berolinensis	X	X		X			X
Populus canadensis 'Robusta'	X						
Populus canescens	X		X	X			X
Populus lasiocarpa	X						X
Populus nigra	X				X	X	X
Populus tremula	X			X		X	X
Potentilla fruticosa (Sorten)							X
Prunus (Arten/Sorten)						X	X
Prunus avium	X					X	X
Prunus cerasifera (Sorten)	X						X
Prunus mahaleb	X				X	X	X
Prunus padus	X			X		X	X
Prunus serotina	X			X		X	X
Prunus serrulata (Sorten)							X
Prunus spinosa	X			X			X
Prunus subhirtella (Sorten)							X
Pyrus communis (Sorten)				X			
Pyrus salicifolia						X	X
Quercus palustris						X	X
Quercus petraea	X			X		X	X
Quercus pubescens						X	X
Quercus robur (Sorten)	X	X	X	X		X	X
Quercus rubra	X						X
Rhamnus catharticus	X			X		X	X
Rhamnus frangula	X		X	X		X	X
Rhododendron (Arten/Sorten)							X
Rhus typhina							X
Ribes (Arten/Sorten)				X		X	X

Art	Windschutz	Lärmschutz	Uferschutz	Hang- und Böschungsschutz	Pioniergehölz	Vogelnährgehölz/-schutz	Bienenweide
Robinia (Arten/Sorten)						X	X
Robinia hispida (Sorten)							X
Robinia kelseyi							X
Robinia neomexicana							X
Robinia pseudoacacia (Sorten)	X			X		X	X
Rosa arvensis				X			X
Rosa canina	X			X		X	X
Rosa carolina				X			
Rosa glauca				X			
Rosa multiflora	X			X			
Rosa nitida				X		X	X
Rosa pimpinellifolia				X		X	X
Rosa rubiginosa	X			X		X	X
Rosa rugosa	X			X		X	X
Rosa rugotida				X		X	X
Rosa (Kletterrosen)							X
Rubus fruticosus	X			X	X	X	X
Rubus odoratus				X		X	X
Salix acutifolia pendulifolia							X
Salix alba (Sorten)	X		X	X	X	X	X
Salix aurita	X						X
Salix balsamifera mas							X
Salix caprea	X			X		X	X
Salix caprea 'Silberglanz'							X
Salix cinerea	X		X	X		X	X
Salix daphnoides	X				X		X
Salix elaeagnos	X			X	X	X	X
Salix erythroflexuosa							X
Salix fragilis	X			X		X	X
Salix matsudana 'Tortuosa'							X
Salix purpurea	X		X	X	X	X	X
Salix repens argentea							X
Salix rosmarinifolia	X					X	X
Salix sachalinensis 'Sekka'							X
Salix smithiana	X						X
Salix triandra	X		X	X	X	X	X
Salix viminalis	X		X	X	X		X
Sambucus nigra	X		X	X		X	
Sambucus racemosa	X			X		X	

Laubgehölze als Schutzpflanzen

Art	Windschutz	Lärmschutz	Uferschutz	Hang- und Böschungsschutz	Pioniergehölz	Vogelnährgehölz/ -schutz	Bienenweide
Sophora japonica							X
Sorbaria aitchisonii							X
Sorbaria sorbifolia							X
Sorbus americana						X	X
Sorbus aria						X	X
Sorbus aucuparia (Sorten)	X			X	X	X	X
Sorbus intermedia	X					X	X
Sorbus torminalis						X	X
Spiraea (Arten/Sorten)							X
Spiraea nipponica							X
Spiraea vanhouttei	X						X
Staphylea colchica							X
Symphoricarpos albus laevigatus							X
Symphoricarpos (Arten/Sorten)				X		X	
Syringa chinensis							X
Syringa reflexa							X
Syringa swegiflexa							X
Syringa vulgaris	X	X		X		X	X
Tilia (Arten/Sorten)						X	X
Tilia cordata	X			X		X	X
Ulmus carpinifolia	X		X	X	X		X
Ulmus glabra	X			X			X
Ulmus laevis	X						X
Viburnum burkwoodii							X
Viburnum lantana	X	X		X		X	X
Viburnum opulus (Sorten)	X		X	X		X	X
Viburnum plicatum							X
Viburnum plicatum tomentosum							X
Viburnum rhytidophyllum		X					X
Vitis vinifera							X
Weigela (Sorten)							X
Wisteria (Arten/Sorten)							X

Nadelgehölze als Schutzpflanzen

Art	Windschutz	Lärmschutz	Uferschutz	Hang- und Böschungsschutz	Pioniergehölz	Vogelnährgehölz/ -schutz	Bienenweide
Abies alba				X			
Abies nordmanniana						X	
Abies veitchii						X	
Chamaecyparis lawsoniana (Sorten)						X	
Chamaecyparis nootkatensis (Sorten)						X	
Cupressocyparis (Sorten)	X						
Juniperus communis (Sorten)						X	
Juniperus media 'Hetzii'						X	
Juniperus sabina (Sorten)						X	
Larix decidua	X			X	X	X	
Larix kaempferi	X			X		X	
Picea abies						X	
Picea orientalis						X	
Picea pungens 'Glauca Globosa'	X					X	
Picea pungens 'Glauca'	X						
Picea pungens 'Hoopsii'	X						
Picea pungens 'Koster'	X						
Picea pungens (Sorten)	X						
Picea sitchensis	X					X	
Pinus contorta						X	
Pinus mugo (Sorten)	X					X	
Pinus nigra nigra	X					X	
Pinus sylvestris	X			X	X	X	
Pseudotsuga menziesii caesia						X	
Taxodium distichum							
Taxus baccata (Sorten)						X	
Thuja occidentalis	X						
Thuja occidentalis (Sorten)	X					X	
Tsuga canadensis						X	

Verwendung nach Einsatzart

In diesem Buch beschränken wir uns auf Heckenpflanzen, Bodendecker sowie Klettergehölze.

Weitere Einsatzarten werden hier bewusst nicht bearbeitet, da diese zum Teil mit den übrigen Kapiteln abgedeckt werden; sie sollen allerdings in Stichworten benannt werden:

- Solitärgehölze
- Verkehrsbegleitgrün
- Parkplätze
- Parkgehölze
- Blütengehölze
- Wohnbereiche
- Fußgängerzonen/-bereiche

Berberis thunbergii 'Atropurpurea' – Hecke

Heckenpflanzen

Laubgehölze als Heckenpflanzen

Art	Immer-/Wintergrün	Wuchs locker	Wuchs aufrecht	Sehr niedrig bleibend, bis 50 cm	Niedrig bleibend, 50 bis 200 cm	Hoch werdend, mehr als 2 m	Schnitt vertragend/ empfehlenswert	Heimisch, für die freie Landschaft geeignet
Acer campestre			X			X	X	X
Amelanchier rotundifolia					X	X		
Berberis buxifolia 'Nana'	X			X			X	
Berberis candidula	X		X		X		X	
Berberis julianae	X	X	X		X		X	
Berberis ottawensis 'Superba'		X	X			X	X	
Berberis thunbergii		X	X		X		X	
Berberis thunbergii 'Atropurpurea'		X	X		X		X	
Berberis thunbergii 'Atropurpurea Nana'				X			X	
Berberis verruculosa	X		X		X		X	
Berberis vulgaris					X	X		X
Berberis wilsoniae subcauliata		X						
Buxus sempervirens 'Handsworthiensis'	X	X	X			X	X	
Buxus sempervirens 'Suffruticosa'	X		X		X		X	
Buxus sempervirens arborescens	X	X	X			X	X	
Caragana arborescens		X						
Carpinus betulus			X			X	X	X
Chaenomeles japonica		X	X		X		X	
Chaenomeles lagenaria		X						
Clematis vitalba						X		X
Colutea arborescens		X						
Cornus alba		X						
Cornus mas		X	X			X	X	X
Cornus sanguinea		X			X	X		X
Cornus stolonifera 'Flaviramea'		X						
Corylus avellana						X		X
Cotoneaster acutifolius		X						
Cotoneaster dielsianus		X	X		X		X	
Cotoneaster divaricatus		X						
Cotoneaster franchetii		X						
Cotoneaster microphylla 'Cochleatus'	X			X			X	
Cotoneaster multiflorus		X	X		X		X	
Crataegus laevigata						X		X
Crataegus monogyna			X			X		X
Crataegus prunifolia			X			X	X	

Heckenpflanzen

Laubgehölze als Heckenpflanzen

Art	Immer-/Wintergrün	Wuchs locker	Wuchs aufrecht	Sehr niedrig bleibend, bis 50 cm	Niedrig bleibend, 50 bis 200 cm	Hoch werdend, mehr als 2 m	Schnitt vertragend/ empfehlenswert	Heimisch, für die freie Landschaft geeignet
Deutzia gracilis			X	X			X	
Deutzia kalmiifolia		X	X		X		X	
Deutzia 'Mont Rose'		X						
Deutzia rosea		X						
Deutzia scabra 'Candidissima'		X						
Euonymus europaeus						X		X
Fagus sylvatica			X			X	X	
Fagus sylvatica purpurea			X			X		
Forsythia 'Lynwood'		X						
Forsythia 'Spectabilis'		X	X		X			
Fraxinus excelsior						X		X
Holodiscus discolor ariifolius		X						
Hypericum 'Hidcote'				X			X	
Hypericum moserianum				X			X	
Ilex aquifolium	X	X	X			X		X
Ilex aquifolium 'Alaska'	X	X	X		X		X	
Ilex crenata	X	X	X		X		X	
Ilex crenata 'Convexa'	X			X			X	
Kerria japonica		X						
Kerria japonica 'Pleniflora'		X						
Kolkwitzia amabilis		X						
Ligustrum obtusifolium regelianum		X						
Ligustrum ovalifolium	X	X	X		X		X	
Ligustrum ovalifolium 'Aureum'	X		X		X			
Ligustrum vulgare		X				X	X	X
Ligustrum vulgare 'Atrovirens'	X	X	X		X		X	
Ligustrum vulgare 'Lodense'		X	X		X		X	
Lonicera caerulea		X			X			X
Lonicera caprifolium						X		X
Lonicera morrowii		X						
Lonicera nitida 'Elegant'	X		X		X		X	
Lonicera periclymenum					X	X		X
Lonicera pileata	X			X			X	
Lonicera xylosteum		X			X		X	X
Mahonia aquifolium	X	X						

Art	Immer-/Wintergrün	Wuchs locker	Wuchs aufrecht	Sehr niedrig bleibend, bis 50 cm	Niedrig bleibend, 50 bis 200 cm	Hoch werdend, mehr als 2 m	Schnitt vertragend/ empfehlenswert	Heimisch, für die freie Landschaft geeignet
Mahonia aquifolium 'Apollo'	X			X			X	
Malus sylvestris						X		X
Philadelphus coronarius		X						
Philadelphus 'Erectus'		X	X		X		X	
Photinia villosa		X						
Physocarpus opulifolius		X						
Populus tremula						X		X
Potentilla 'Farreri'				X				
Potentilla 'Goldfinger'				X			X	
Potentilla 'Goldstar'				X			X	
Potentilla 'Hachmann's Gigant'			X		X		X	
Potentilla 'Jackman'			X		X			
Potentilla 'Klondike'			X		X			
Prunus avium						X		X
Prunus laurocerasus 'Herbergii'	X	X	X		X		X	
Prunus laurocerasus 'Otto Luyken'	X		X		X		X	
Prunus mahaleb						X		X
Prunus padus						X		X
Prunus spinosa					X	X		X
Pyracantha 'Bad Zwischenahn'	X	X	X		X			
Pyracantha 'Kasan'	X	X	X		X			
Pyracantha 'Praecox'	X	X	X		X			
Pyracantha 'Red Column'	X		X		X		X	
Pyracantha 'Soleil d'Or'	X		X		X		X	
Quercus petraea						X		X
Quercus robur						X		X
Rhamnus catharticus						X		X
Rhamnus frangula						X		X
Rhododendron repens – Hybriden	X			X				
Rhododendron – Großblumige Hybriden	X	X						
Rhodotypos scandens		X						
Ribes alpinum		X	X		X		X	
Ribes alpinum 'Schmidt'		X	X		X		X	
Ribes aureum		X					X	
Ribes divaricatum		X						
Ribes sanguineum 'Atrorubens'		X						
Rosa canina					X	X		X
Rosa gallica					X			X

Heckenpflanzen

Laubgehölze als Heckenpflanzen

Art	Immer-/Wintergrün	Wuchs locker	Wuchs aufrecht	Sehr niedrig bleibend, bis 50 cm	Niedrig bleibend, 50 bis 200 cm	Hoch werdend, mehr als 2 m	Schnitt vertragend/empfehlenswert	Heimisch, für die freie Landschaft geeignet
Rosa glauca					X	X		X
Rosa nitida				X			X	
Rosa pimpinellifolia					X			X
Rosa rubiginosa			X			X		X
Rosa rugosa		X		X				
Rosa rugosa 'Robusta'		X						
Rosa rugotida				X			X	
Rubus fruticosus					X			X
Salix caprea						X		X
Sambucus nigra						X		X
Sorbaria aitchisonii		X						
Sorbaria sorbifolia		X						
Sorbus aucuparia						X		X
Spiraea albiflora				X			X	
Spiraea arguta		X	X		X			
Spiraea japonica 'Anthony Waterer'				X			X	
Spiraea japonica 'Froebelii'				X			X	
Spiraea japonica 'Little Princess'				X			X	
Spiraea nipponica		X	X		X		X	
Spiraea prunifolia		X						
Spiraea vanhouttei		X	X		X			
Stephanandra tanakae		X						
Symphoricarpos albus laevigatus		X	X		X			
Symphoricarpos chenaultii		X					X	
Symphoricarpos orbiculatus		X					X	
Syringa chinensis		X						
Ulmus carpinifolia						X		X
Viburnum burkwoodii	X	X						
Viburnum lantana		X				X		X
Viburnum opulus		X				X		X
Viburnum opulus 'Roseum'		X						
Viburnum plicatum		X						
Viburnum plicatum tomentosum		X						
Viburnum rhytidophyllum	X	X						
Weigela (Sorten)		X						

Heckenpflanzen

Nadelgehölze als Heckenpflanzen

Art	Immer-/Wintergrün	Wuchs locker	Wuchs aufrecht	Sehr niedrig bleibend, bis 50 cm	Niedrig bleibend, 50 bis 200 cm	Hoch werdend, mehr als 2 m	Schnitt vertragend/ empfehlenswert	Heimisch, für die freie Landschaft geeignet
Chamaecyparis lawsoniana 'Alumii'	X		X			X	X	
Chamaecyparis lawsoniana 'Columnaris Glauca'	X		X			X		
Cupressocyparis 'Leighton Green'	X		X			X		
Cupressocyparis leylandii	X		X			X	X	
Larix decidua			X			X		X
Larix kaempferi			X			X	X	
Picea abies	X		X			X	X	X
Picea omorika	X		X			X		
Pinus mugo mughus	X			X			X	
Pinus mugo	X							X
Taxus baccata	X	X	X			X	X	X
Taxus baccata 'Overeynderi'	X	X	X		X			
Taxus cuspidata	X		X			X		
Taxus media 'Hicksii'	X	X	X			X	X	
Thuja occidentalis	X		X			X		
Thuja occidentalis 'Columna'	X		X			X	X	
Thuja occidentalis 'Smaragd'	X		X			X		
Thuja occidentalis 'Sunkist'	X		X			X		
Thuja plicata 'Aurescens'	X		X			X	X	
Thuja plicata 'Excelsa'	X		X			X		
Tsuga canadensis	X		X			X	X	

Bodendecker

Laubgehölze als Bodendeckerpflanzen

Art	Wuchsform
Arctostaphylos uva-ursi	Dichtbuschig, niedrig, schwachwachsend
Berberis buxifolia 'Nana'	Dichtbuschig, niedrig, schwachwachsend
Berberis candidula	Buschiger, niedriger Strauch
Berberis gagnepainii 'Verrucandi'	Buschiger, niedriger Strauch
Berberis thunbergii 'Atropurpurea Nana'	Dichtbuschig, niedrig, schwachwachsend
Berberis verruculosa	Buschiger, niedriger Strauch
Berberis wilsoniae subcauliata	Sträucher mit dichter Schleppenbildung
Calluna vulgaris (Sorten)	Dichtbuschig, niedrig, schwachwachsend
Clematis alpina	Völlig bodenaufliegend, starkwachsend
Cornus canadensis	Matten bildend
Cotoneaster adpressus	Dichtbuschig, niedrig, schwachwachsend
Cotoneaster dammeri 'Eichholz'	Fast kriechend
Cotoneaster dammeri 'Jürgl'	Fast kriechend
Cotoneaster dammeri 'Radicans'	Völlig bodenaufliegend, schwachwachsend
Cotoneaster dammeri 'Coral Beauty'	Breitbuschig, untere Zweige bodenaufliegend
Cotoneaster dammeri 'Skogholm'	Breitbuschig, untere Zweige bodenaufliegend
Cotoneaster horizontalis	Buschiger, niedriger Strauch
Cotoneaster microphyllus 'Cochleatus'	Buschiger, niedriger Strauch
Cotoneaster microphyllus 'Streib's Findling'	Völlig bodenaufliegend, schwachwachsend
Cotoneaster praecox	Buschiger, niedriger Strauch
Cotoneaster salicifolius 'Herbstfeuer'	Breitbuschig, untere Zweige bodenaufliegend

Gaultheria procumbens

Art	Wuchsform
Cotoneaster salicifolius 'Parkteppich'	Breitbuschig, untere Zweige bodenaufliegend
Cotoneaster salicifolius 'Repens'	Fast kriechend
Cytisus decumbens	Dichtbuschig, niedrig, schwachwachsend
Cytisus beanii	Buschiger, niedriger Strauch
Cytisus kewensis	Buschiger, niedriger Strauch
Deutzia gracilis	Buschiger, niedriger Strauch
Empetrum nigrum	Sich niederlegende Sträucher
Erica (Arten/Sorten)	Dichtbuschig, niedrig, schwachwachsend
Euonymus fortunei 'Coloratus'	Fast kriechend
Euonymus fortunei 'Emerald Gaiety'	Sich niederlegende Sträucher
Euonymus fortunei 'Emerald'n Gold'	Sich niederlegende Sträucher
Euonymus fortunei 'Gracilis'	Sich niederlegende Sträucher
Euonymus fortunei 'Minimus'	Völlig bodenaufliegend, schwachwachsend
Euonymus fortunei radicans	Fast kriechend
Euonymus fortunei vegetus	Breitbuschig, untere Zweige bodenaufliegend
Gaultheria procumbens	Matten bildend
Genista lydia	Fast kriechend
Genista sagittalis	Völlig bodenaufliegend, schwachwachsend
Genista radiata	Buschiger, niedriger Strauch
Hedera helix	Völlig bodenaufliegend, starkwachsend
Hedera helix 'Conglomerata'	Völlig bodenaufliegend, schwachwachsend
Hedera helix 'Sagittifolia'	Völlig bodenaufliegend, starkwachsend
Hedera hibernica	Völlig bodenaufliegend, starkwachsend
Hypericum 'Hidcote'	Buschiger, niedriger Strauch
Hypericum moserianum	Buschiger, niedriger Strauch
Hyperricum calycinum	Matten bildend
Ilex crenata 'Convexa'	Buschiger, niedriger Strauch
Ilex crenata 'Stokes'	Dichtbuschig, niedrig, schwachwachsend
Jasminum nudiflorum	Sträucher mit dichter Schleppenbildung
Kerria japonica	Sträucher mit dichter Schleppenbildung
Lavandula angustifolia	Buschiger, niedriger Strauch
Leucothoe catesbaei	Sträucher mit dichter Schleppenbildung
Ligustrum obtusifolium regelianum	Buschiger, niedriger Strauch
Ligustrum vulgare 'Lodense'	Buschiger, niedriger Strauch
Lonicera nitida 'Elegant'	Sträucher mit dichter Schleppenbildung
Lonicera pileata	Breitbuschig, untere Zweige bodenaufliegend
Mahonia aquifolia 'Apollo'	Dichtbuschig, niedrig, schwachwachsend
Mahonia aquifolium	Buschiger, niedriger Strauch
Pachysandra terminalis	Matten bildend
Potentilla fruticosa (Sorten)	Buschiger, niedriger Strauch
Prunus laurocerasus 'Zabeliana'	Breitbuschig, untere Zweige bodenaufliegend
Prunus laurocerasus 'Otto Luyken'	Buschiger, niedriger Strauch
Pyracantha 'Praecox'	Buschiger, niedriger Strauch

Bodendecker

Laubgehölze als Bodendeckerpflanzen

Art	Wuchsform
Pyracantha 'Soleil d'Or'	Buschiger, niedriger Strauch
Rhododendron repens (Hybriden)	Buschiger, niedriger Strauch
Rhodotypos scandens	Sträucher mit dichter Schleppenbildung
Ribes alpinum	Sträucher mit dichter Schleppenbildung
Rosa – Bodendeckerrosen	Breitbuschig, untere Zweige bodenaufliegend
Rosa nitida	Buschiger, niedriger Strauch
Rosa rugosa	Buschiger, niedriger Strauch
Rosa rugotida	Buschiger, niedriger Strauch
Rubus fruticosus	Breitbuschig, untere Zweige bodenaufliegend
Salix purpurea 'Nana'	Buschiger, niedriger Strauch
Salix repens argentea	Sich niederlegende Sträucher
Salix rosmarinifolia	Sträucher mit dichter Schleppenbildung
Spiraea albiflora	Buschiger, niedriger Strauch
Spiraea japonica 'Anthony Waterer'	Buschiger, niedriger Strauch
Spiraea japonica 'Froebelii'	Buschiger, niedriger Strauch
Spiraea japonica 'Little Princess'	Sich niederlegende Sträucher
Stephanandra incisa	Sträucher mit dichter Schleppenbildung
Stephanandra incisa 'Crispa'	Sich niederlegende Sträucher
Symphoricarpos chenaultii	Sträucher mit dichter Schleppenbildung
Symphoricarpos 'Hancock'	Sich niederlegende Sträucher
Vaccinium vitis-idaea 'Koralle'	Dichtbuschig, niedrig, schwachwachsend
Vinca minor	Matten bildend

Nadelgehölze als Bodendeckerpflanzen

Art	Wuchsform
Juniperus communis 'Repanda'	Sich niederlegende Sträucher
Juniperus communis 'Hornibrookii'	Sich niederlegende Sträucher
Juniperus horizontalis 'Glauca'	Völlig bodenaufliegend, schwachwachsend
Juniperus horizontalis	Fast kriechend
Juniperus sabina 'Tamariscifolia'	Sich niederlegende Sträucher
Juniperus squamata 'Blue Carpet'	Sich niederlegende Sträucher
Microbiota decussata	Sich niederlegende Sträucher
Pinus mugo mughus	Buschiger, niedriger Strauch
Pinus mugo pumilio	Sich niederlegende Sträucher
Taxus baccata 'Repandens'	Buschiger, niedriger Strauch

Klettergehölze

Klettergehölze stellen einen wichtigen Beitrag zur Begrünung und Verschönerung von Fassaden und Bauwerken dar. Die Vorteile werden wie folgt beschrieben:

- Schutz der Gebäude vor Witterungseinflüssen
- Staubfilterung
- Verbesserung des Kleinklimas:
  Geringere Temperaturschwankungen an den Wänden
  Erhöhung der Luftfeuchtigkeit
- Geringere Lärmbelästigung
- Energieeinsparung beim Heizen der Gebäude

Diese Vorteile, die mit einem geringen finanziellen Aufwand erreicht werden können, führen zu einer Erhöhung der Lebensqualität sowie zu Wertsteigerungen der Immobilien.

Vorsicht ist allerdings geboten bei Selbstklimmern, deren Haftorgane sich an den Wänden oder sonstigen Untergründen festsaugen. Hier ist darauf zu achten, dass die Bausubstanz absolut in Ordnung ist (richtige Verputzung, Verklinkerung), da die Haft- oder Wurzelorgane sich in Rissen festsetzen und diese verbreitern können.
Haftscheiben von Parthenocissus reagieren auf Glasscheiben leicht ätzend; die Scheiben werden matt. Von Wisteria und Celastrus ist bekannt, dass diese Fallrohre der Dachrinnen zerquetschen können. Außerdem sollten Klettergehölze nicht unter Dachziegel wachsen, die durch das Dickenwachstum angehoben werden können.
Bei ausreichender Pflege und Kontrolle der Klettergehölze lassen sich Gebäudeschäden ohne viel Aufwand vermeiden.

Humulus lupulus

Die Klettergehölze werden unterteilt in Selbstklimmer und Gerüstpflanzen:

- Selbstklimmer (S) saugen sich mit Haftorganen (Haftwurzeln oder Haftscheiben) an der Unterlage fest. Sie benötigen keine Kletterhilfen und können von alleine ganze Flächen überziehen.
- Gerüstklimmer benötigen Kletterhilfen an denen sie mit verschiedenen Techniken emporklettern (Pergolen, Rankgitter, Spaliere, Rosenbögen u.a.). Man unterscheidet:

Schlinger/Winder (W) umwinden Pfosten oder Kletterhilfen und schlängeln sich nach oben, die Triebe verholzen mit den Jahren.
Ranker (R) halten sich mit umgewandelten Blattorganen an nicht zu dicken Kletterhilfen fest (Gerüste, Drähte, Rankgitter).
Spreizklimmer (Spr) sind in der Regel Sträucher mit lang wachsenden Trieben, teilweise mit Stacheln, die als „Widerhaken" genutzt werden. An Spalieren spreizen sich die Triebe ein und wachsen auf diese Weise nach oben.

Kletterpflanzen

Art	Wuchshöhe in m	Klettertechnik	Blütezeit	Blütenfarbe	Bemerkung
Actinidia arguta	5 – 10	W	VI	weiß	
Actinidia chinensis	4 – 5	W	VI	weiß	Früchte essbar
Akebia quinata	4 – 6	W	V	lila	duftend
Ampelopsis bodinieri	4 – 5	R	VII	grün	
Ampelopsis brevipedunculata	6 – 10	R	VII	grün	
Aristolochia macrophylla	6 – 9	W	V	braun	
Campsis grandiflora	4 – 6	S	Sommer	orange	
Campsis radicans	7 – 15	S	Sommer	orange	
Campsis tagliabuana (Sorten)	7 – 9	S	Sommer	rot	
Celastrus orbiculatus	bis 12	W	V	grün	
Celastrus scandens	6 – 8	W	V	grün	
Clematis alpina	bis 2	R	V	blau	
Clematis – Hybriden	2 – 4	R	V – VIII	verschieden	
Clematis macropetala (Sorten)	2 – 3	R	V	verschieden	
Clematis montana (Sorten)	3 – 10	R	V	weiß	
Clematis montana 'Rubens'	3 – 10	R	V	rosa	
Clematis orientalis (Sorten)	3 – 5	R	VII	gelb	
Clematis paniculata	8 – 9	R	IX	weiß	
Clematis tangutica (Sorten)	2 – 3	R	VI	gelb	
Clamatis texensis (Sorten)	1 – 2	R	VII	rosa	
Clematis vitalba	8 – 9	R	VII	weiß	
Clematis viticella	3 – 4	R	VII	blau	
Euonymus fortunei (Sorten)	2 – 5	S	Sommer	grünlich	immergrün
Hedera colchica (Sorten)	6 – 8	S	Herbst	gelb	immergrün
Hedera helix (Sorten)	bis 20	S	Herbst	gelb	immergrün
Humulus lupulus	3 – 8	W	VII	grün	
Hydrangea petiolaris	5 – 7	S	Sommer	weiß	duftend
Jasminum nudiflorum	2 – 3	Spr	Winter	gelb	

Art	Wuchs-höhe in m	Kletter-technik	Blüte-zeit	Blüten-farbe	Bemerkung
Lonicera acuminata	2 – 3	W	VI	weiß	immergrün
Lonicera brownii (Sorten)	2 – 3	W	Sommer	rot	
Lonicera caprifolium	2 – 5	W	VII	weiß	
Lonicera heckrottii	3 – 4	W	VII	rosa	
Lonicera henryi	3 – 4	W	VII	Rot	immergrün
Lonicera japonica	3 – 6	W	VII	weiß	
Lonicera periclymenum	3 – 4	W	VII	rot, weiß	
Lonicera tellmanniana	5 – 6	W	VI	gelb	
Menispermum canadense	3 – 6	W	VI	gelb	
Parthenocissus quinquefolia	bis 20	S	Sommer	gelblich	blaue Früchte
Partenocissus tricuspidata 'Veitchi'	bis 20	S	Sommer	gelblich	rote Herbst-färbung
Passiflora caerulea (Sorten)	2 – 4	S	Sommer	verschieden	
Polygonum aubertii	bis 20	W	Sommer	weiß	
Polygonum baldschuanicum	10 – 15	W	Sommer	weiß	
Rosa arvensis	2 – 3	Spr	Sommer	weiß	
Rosa (Kletterrosen)	2 – 10	Spr	Sommer	verschieden	
Rubus fruticosus	bis 3	Spr	Sommer	weiß	Früchte essbar
Rubus henryi	bis 6	Spr	Sommer	weiß	immergrün
Schizophragma hydrangeoides	bis 10	S	VII	weiß	
Vitis coignetiae	6 – 8	R	VI	grün	
Vitis riparia	10 – 15	R	VI	grün	
Vitis vinifera	bis 20	R	VI	gelblich	Früchte essbar
Wisteria floribunda	bis 10	W	IV	blau	duftend
Wisteria sinensis	bis 15	W	IV	blau	duftend

Verträglichkeiten

Auf Gehölze wirken die unterschiedlichsten Standortbedingungen. Ein Teil dieser sogenannten externen Faktoren wird von der Natur vorgegeben. Einen weitaus größeren Anteil haben allerdings die Menschen. Je nach genetischer Ausprägung reagieren die Gehölze unterschiedlich auf diese Standortbedingungen.

Ein Teil der Gehölze besitzt eine breite Amplitude in ihrer Verträglichkeit. So können diese beispielsweise auf nassen bis trockenen Böden gut gedeihen. Andere, deren Amplitude sehr eingeschränkt ist, entwickeln sich dagegen nur auf feuchten oder nur auf trockenen Böden.

Diese Erkenntnisse machen sich viele Planer zu eigen, wenn Gehölze für den innerstädtischen Bereich gesucht werden. Das Stadtklima unterscheidet sich in Teilen erheblich von dem Klima der freien Landschaft. Gehölze, die aus den Gegenden kommen, die dem Stadtklima ähnlich sind, haben eine wesentlich bessere Chance auf eine gute Entwicklung in der Stadt als so manches sogenannte einheimische Gehölz.

Bodenansprüche

Die hier genannten Bodenansprüche gelten für die freie Landschaft und für den Siedlungsbereich. Weitere für den Boden relevante Bodenfaktoren bleiben unberücksichtigt. In der freien Landschaft beeinflussen der natürliche Mineralstoffkreislauf, der natürliche Wasserhaushalt und die freie Wurzelentwicklung das künftige Wuchsverhalten der Bäume eher positiv. Extreme Wasserstände oder pH-Werte können auf diese Weise besser kompensiert werden als es die Bodenverhältnisse in der Stadt erlauben.

Schadstoffe sowie Bodenverdichtungen im städtischen Raum und damit verbundene Staunässe setzen den Gehölzen stark zu. Eine freie und für die Vitalität wichtige freie Wurzelentwicklung gibt es im Siedlungsbereich kaum. Umso mehr muss darauf geachtet werden, dass für jeden Standort das geeignete Gehölz verwendet wird.

Pinus nigra nigra: trockenheitsresistent

Bodenansprüche der Laubgehölze

Art	Kalktolerant	Sauer	Leichte sandige Böden	Schwere tonige Böden	Feuchte bis nasse Böden	Trockene Böden
Acanthopanax sieboldianus	X		X	X		
Acer campestre	X	X	X		X	X
Acer cappadocicum 'Rubrum'	X	X	X			
Acer ginnala		X	X			X
Acer japonica 'Aconitifolium'		X	X			
Acer monspessulanum	X					X
Acer neglectum 'Annae'	X	X	X			X
Acer negundo (Sorten)	X	X	X	X	X	X
Acer palmatum (Sorten)		X	X			
Acer platanoides (Sorten)	X			X	X	X
Acer pseudoplatanus (Sorten)	X			X	X	
Acer rubrum		X			X	
Acer saccharinum (Sorten)		X		X	X	
Actinidia (Arten/Sorten)	X				X	
Aesculus (Arten/Sorten)	X			X	X	
Ailanthus altissima	X	X	X			X
Akebia (Arten/Sorten)				X	X	
Alnus cordata	X		X	X	X	X
Alnus glutinosa		X	X	X	X	
Alnus incana	X		X		X	X
Alnus spaethii	X		X	X	X	
Alnus viridis		X			X	
Amelanchier (Arten/Sorten)	X	X	X		X	
Amorpha fruticosa	X					
Aralia elata (Sorten)	X		X		X	
Arctostaphylos uva-ursi		X	X			X
Aristolochia macrophylla	X			X	X	
Aronia (Arten)					X	
Aucuba japonica		X				
Berberis candidula	X					
Berberis frikartii (Sorten)	X					
Berberis gagnepainii (Sorten)	X					
Berberis hookerii	X	X				
Berberis julianae	X	X				
Berberis media (Sorten)	X	X				
Berberis ottawensis 'Superba'	X	X				X
Berberis stenophylla						

Bodenansprüche der Laubgehölze

Art	Kalktolerant	Sauer	Leichte sandige Böden	Schwere tonige Böden	Feuchte bis nasse Böden	Trockene Böden
Berberis thunbergii (Sorten)		X	X			X
Berberis wilsoniae subcauliata	X		X			
Berberis vulgaris	X					X
Betula nana		X			X	
Betula nigra		X			X	
Betula pendula (Sorten)		X	X			X
Betula platyphylla	X	X				
Betula pubescens		X			X	
Betula utilis		X				
Buddleja alternifolia	X					
Buxus (Arten/Sorten)	X					
Callicarpa bodinieri giraldii		X			X	
Calluna vulgaris (Sorten)		X	X		X	
Calycanthus floridus		X			X	
Camellia (Arten/Sorten)		X				
Campsis (Arten/Sorten)	X					
Caragana arborescens	X	X	X			
Carpinus betulus und 'Fastigiata'	X	X		X	X	
Caryopteris (Sorten)	X					X
Castanea sativa		X				X
Catalpa bignonioides	X				X	
Ceanothus (Sorten)	X		X			X
Celastrus orbiculatus	X	X		X		
Cercidiphyllum japonicum	X	X			X	
Cercis siliquastrum	X					X
Chaenomeles (Arten/Sorten)	X	X				
Chaenomeles lagenaria	X	X				
Clematis (Arten/Sorten)	X			X	X	
Clethra alnifolia		X			X	
Colutea arborescens	X		X			X
Cornus alba (Sorten)	X			X	X	
Cornus canadensis		X	X		X	
Cornus controversa		X				
Cornus florida (Sorten)		X	X		X	
Cornus kousa chinensis		X	X			
Cornus mas	X		X	X		X
Cornus nutallii (Sorten)		X				

Art	Kalktolerant	Sauer	Leichte sandige Böden	Schwere tonige Böden	Feuchte bis nasse Böden	Trockene Böden
Cornus sanguinea	X			X	X	X
Cornus stolonifera 'Flaviramea'	X	X	X	X	X	
Corylopsis (Arten)		X				
Corylus avellana	X			X		
Corylus colurna	X			X	X	X
Corylus maxima 'Purpurea'	X			X		
Cotinus (Arten/Sorten)	X		X			X
Cotoneaster acutifolius						X
Cotoneaster bullatus	X			X		
Cotoneaster dielsianus				X		X
Cotoneaster divaricatus						X
Cotoneaster franchetii						X
Cotoneaster microphyllus 'Cochleatus'	X					
Cotoneaster multiflorus	X			X		
Cotoneaster praecox	X					
Cotoneaster salicifolius floccosus	X					
Cotoneaster watereri (Sorten)	X					
Crataegus crus-galli	X			X		X
Crataegus lavallei 'Carrierei'	X			X		X
Crataegus prunifolia	X			X		X
Cytisus (Arten/Sorten)	X	X				
Daphne cneorum	X	X				
Daphne mezereum	X		X	X	X	
Davidia involucrata vilmoriniana	X					X
Decaisnea fargesii	X	X				
Deutzia (Arten/Sorten)	X	X				
Deutzia 'Boule de Neige'	X					
Deutzia gracilis	X					
Deutzia kalmiiflora	X					
Elaeagnus angustifolia	X		X		X	X
Elaeagnus commutata	X		X		X	X
Elaeagnus multiflora	X		X			X
Elaeagnus pungens 'Maculata'	X	X				
Empetrum nigrum			X			
Enkianthus campanulatus		X				
Erica carnea (Sorten)		X	X			
Erica tetralix (Sorten)		X	X		X	
Erica vagans (Sorten)		X				
Euodia (Arten)	X					

Bodenansprüche der Laubgehölze

Art	Kalktolerant	Sauer	Leichte sandige Böden	Schwere tonige Böden	Feuchte bis nasse Böden	Trockene Böden
Euonymus alatus	X	X	X	X		
Euonymus europaeus	X		X	X	X	
Euonymus fortunei (Sorten)	X	X		X	X	
Euonymus planipes	X	X			X	
Fagus sylvatica (Sorten)	X			X		
Forsythia (Sorten)	X			X		
Fraxinus angustifolia (Sorten)	X					X
Fraxinus excelsior (Sorten)	X			X	X	
Fraxinus ornus	X					X
Gaultheria procumbens		X	X			
Gaultheria shallon		X				
Genista (Arten/Sorten)	X	X	X			X
Gleditsia triacanthos (Sorten)	X		X		X	X
Gymnocladus dioicus	X			X	X	
Halimodendron halodendron		X				X
Hamamelis (Arten/Sorten)		X				
Hedera helix (Sorten)	X		X	X	X	X
Hedera hibernica	X		X	X	X	
Hibiscus (Sorten)	X					
Hippophae rhamnoides	X		X		X	X
Holodiscus discolor ariifolius		X	X		X	
Humulus lupulus					X	
Hydrangea (Arten/Sorten)		X	X		X	
Hypericum (Arten/Sorten)	X	X	X			
Ilex aquifolium (Sorten)	X	X		X	X	
Jasminum nudiflorum	X		X			
Juglans regia	X				X	X
Kalmia angustifolia 'Rubra'		X	X		X	
Kalmia latifolia		X	X		X	
Kalopanax pictus maximowiczii						
Kerria japonica	X		X	X	X	
Kerria japonica 'Pleniflora'	X		X	X	X	
Koelreuteria paniculata	X		X			X
Kolkwitzia amabilis	X	X	X			
Laburnum (Arten/Sorten)	X		X	X	X	X
Lavandula angustifolia	X					X
Lespedeza thunbergii		X	X			X

Art	Kalktolerant	Sauer	Leichte sandige Böden	Schwere tonige Böden	Feuchte bis nasse Böden	Trockene Böden
Leucothoe catesbaei		X			X	
Ligustrum obtusifolium regelianum	X	X	X			
Ligustrum ovalifolium	X		X			
Ligustrum vulgare (Sorten)	X		X	X	X	X
Liquidambar styraciflua		X			X	
Liriodendron tulipifera		X		X	X	
Lonicera caerulea	X	X	X	X	X	
Lonicera korolkowii	X				X	
Lonicera ledebourii	X	X	X	X	X	
Lonicera maackii	X		X	X		
Lonicera nitida 'Elegant'	X	X				
Lonicera pileata	X	X				
Lonicera tatarica	X	X		X	X	
Lonicera xylosteum	X		X	X	X	X
Lycium halimifolium	X		X		X	X
Magnolia kobus		X		X	X	
Mahonia aquifolium		X		X		
Mahonia bealei		X				
Malus (Arten/Sorten)	X				X	
Malus sargentii	X	X		X		
Mespilus germanica	X			X		X
Morus alba	X		X			X
Nothofagus antarctica			X			
Ostrya carpinifolia	X					X
Pachysandra terminalis (Sorten)		X	X			
Parrotia perisca		X		X	X	
Parthenocissus (Arten/Sorten)	X			X	X	
Paulownia tomentosa	X		X			X
Perovskia (Sorten)	X					X
Phellodendron amurense	X	X	X			
Philadelphus (Arten/Sorten)	X		X	X		
Photinia villosa	X	X	X			
Phyllostachys (Arten/Sorten)	X			X		
Physocarpus opulifolius	X	X	X		X	X
Pieris (Arten/Sorten)		X	X		X	
Platanus hispanica	X		X	X	X	X
Pleioblastus (Arten/Sorten)	X			X		
Polygonum aubertii	X			X	X	
Populus alba 'Nivea'	X		X	X	X	X

Bodenansprüche der Laubgehölze

Art	Kalktolerant	Sauer	Leichte sandige Böden	Schwere tonige Böden	Feuchte bis nasse Böden	Trockene Böden
Populus balsamifera	X	X	X	X	X	
Populus berolinensis			X	X	X	X
Populus canescens	X	X	X	X	X	X
Populus lasiocarpa				X	X	
Populus nigra 'Italica'	X		X	X	X	X
Populus tremula	X	X	X	X	X	X
Potentilla fruticosa (Sorten)	X	X	X			
Prunus avium	X			X		
Prunus cerasifera (Sorten)	X		X	X		
Prunus laurocerasus (Sorten)	X					
Prunus mahaleb	X		X			X
Prunus padus	X		X	X	X	
Prunus serotina	X	X		X	X	X
Prunus serrulata (Sorten)	X		X	X		
Prunus spinosa	X			X		X
Prunus subhirtella (Sorten)	X		X			
Prunus triloba	X		X			
Pseudosasa japonica	X	X		X		
Pterocarya fraxinifolia	X			X	X	
Pyracantha (Arten/Sorten)	X	X				X
Pyrus salicifolia	X				X	
Quercus cerris	X			X	X	
Quercus coccinea		X				X
Quercus frainetto	X	X		X		X
Quercus macranthera	X		X			X
Quercus palustris		X		X	X	
Quercus petraea		X				
Quercus pontica	X					X
Quercus pubescens	X					X
Quercus robur	X	X	X	X	X	X
Quercus rubra		X	X			
Quercus turneri 'Pseudoturneri'	X	X				X
Rhamnus catharticus	X			X		X
Rhamnus frangula		X		X	X	
Rhododendron (Arten/Sorten)		X			X	
Rhodotypos scandens	X				X	
Rhus typhina und 'Dissecta'	X	X	X		X	X

Art	Kalktolerant	Sauer	Leichte sandige Böden	Schwere tonige Böden	Feuchte bis nasse Böden	Trockene Böden
Ribes (Arten/Sorten)	X	X	X	X	X	
Robinia hispida (Sorten)	X		X			X
Robinia kelseyi	X		X			X
Robinia neomexicana	X		X			X
Robinia pseudoacacia (Sorten)	X		X			X
Rosa (Kletterrosen)	X					
Rosa (Kulturformen)	X					
Rosa arvensis		X		X		X
Rosa blanda	X				X	
Rosa canina	X			X		X
Rosa carolina		X			X	
Rosa gallica	X					
Rosa glauca	X					X
Rosa nitida		X	X		X	
Rosa pimpinellifolia			X			X
Rosa rubiginosa				X		X
Rosa rugosa		X	X		X	X
Rosa rugotida		X	X			X
Rubus fruticosus	X	X	X		X	
Rubus odoratus	X	X	X		X	
Salix acutifolia pendulifolia	X				X	
Salix alba (Sorten)	X			X	X	
Salix aurita		X		X	X	
Salix balsamifera mas					X	
Salix caprea		X	X	X	X	
Salix caprea 'Silberglanz'			X		X	
Salix cinerea		X	X	X	X	
Salix daphnoides	X		X	X	X	
Salix elaeagnos	X	X	X	X	X	
Salix erythroflexuosa			X		X	
Salix fragilis		X	X	X	X	
Salix hastata 'Wehrhahnii'	X		X		X	
Salix matsudana 'Tortuosa'		X			X	
Salix purpurea und 'Nana'	X		X	X	X	
Salix repens argentea	X	X		X	X	X
Salix rosmarinifolia			X		X	
Salix sachalinensis 'Sekka'		X			X	
Salix smithiana		X			X	
Salix viminalis	X			X	X	

Bodenansprüche der Laubgehölze

Art	Kalktolerant	Sauer	Leichte sandige Böden	Schwere tonige Böden	Feuchte bis nasse Böden	Trockene Böden
Sambucus canadensis (Sorten)	X			X	X	
Sambucus nigra	X			X	X	
Sambucus racemosa		X	X	X		
Sasa (Arten)				X		
Skimmia (Arten)		X				
Sophora japonica	X		X			X
Sorbaria aitchinsonii	X		X		X	
Sorbaria sorbifolia	X	X	X		X	
Sorbus americana						
Sorbus aria	X		X			X
Sorbus aucuparia (Sorten)		X	X			
Sorbus domestica	X					
Sorbus intermedia	X		X			X
Sorbus torminalis	X					X
Spiraea (Arten/Sorten)	X	X	X	X		
Spiraea nipponica	X	X		X		
Spiraea vanhouttei	X	X		X		
Staphylea colchica	X		X			
Stranvaesia davidiana	X	X				
Symphoricarpos albus laevigatus	X		X			X
Symphoricarpos (Arten/Sorten)	X		X		X	X
Symphoricarpos chenaultii	X		X			X
Syringa chinensis	X	X				
Syringa reflexa		X		X	X	
Syringa swegiflexa		X		X		
Syringa vulgaris (Sorten)	X			X		
Tamarix (Arten/Sorten)	X		X		X	X
Tilia (Arten/Sorten)	X			X	X	
Ulex europaeus		X				X
Ulmus carpinifolia			X	X	X	
Viburnum burkwoodii		X				
Viburnum lantana	X		X	X		X
Viburnum opulus (Sorten)	X	X		X	X	
Viburnum plicatum	X			X		
Viburnum rhytidophyllum	X					
Vinca minor	X		X			
Vitis (Arten/Sorten)	X			X		
Weigela (Sorten)	X	X		X		
Wisteria (Arten/Sorten)		X			X	

Bodenansprüche der Nadelgehölze

Art	Kalktolerant	Sauer	Leichte sandige Böden	Schwere tonige Böden	Feuchte bis nasse Böden	trockene Böden
Abies alba	X			X		
Abies balsamea (Sorten)		X			X	
Abies homolepis		X				
Abies lasiocarpa	X	X				X
Abies koreana		X				
Abies nordmanniana	X					
Abies pinsapo	X					X
Abies veitchii		X				
Araucaria araucana		X				
Cedrus (Arten/Sorten)	X		X			X
Chamaecyparis lawsoniana (Sorten)	X	X	X	X		
Chamaecyparis nootkatensis (Sorten)		X		X		
Chamaecyparis obtusa (Sorten)		X		X		
Chamaecyparis pisifera (Sorten)		X		X		
Cryptomeria japonica		X		X		
Cupressocyparis (Sorten)	X	X				
Ginkgo biloba	X	X				
Juniperus chinensis 'Hetzii'	X	X	X			X
Juniperus chinensis 'Obelisk'	X	X	X			X
Juniperus chinensis 'Pfitzeriana'	X	X	X			X
Juniperus communis (Sorten)	X	X	X			X
Juniperus horizontalis (Sorten)	X	X	X			X
Juniperus sabina (Sorten)	X	X	X			X
Juniperus scopulorum 'Skyrocket'	X	X				X
Juniperus squamata 'Blue Carpet'	X	X				X
Juniperus squamata 'Blue Star'	X	X				X
Juniperus squamata 'Meyeri'	X	X				X
Juniperus virgiana 'Glauca'	X	X				X
Juniperus virginiana 'Grey Owl'	X	X				X
Larix (Arten/Sorten)	X		X			
Metasequoia glyptostroboides	X	X	X	X	X	
Microbiota decussata	X	X	X	X		
Picea abies	X	X	X		X	
Picea breweriana	X	X	X			
Picea glauca (Sorten)	X	X	X		X	
Picea omorika (Sorten)	X	X	X			
Picea orientalis	X	X				

Bodenansprüche der Nadelgehölze

Art	Kalktolerant	Sauer	Leichte sandige Böden	Schwere tonige Böden	Feuchte bis nasse Böden	Trockene Böden
Picea pungens (Sorten)	X	X		X		X
Picea sitchensis		X			X	
Pinus aristata	X	X	X			X
Pinus (Arten/Sorten)			X			
Pinus cembra	X	X	X			
Pinus contorta		X	X		X	X
Pinus leucodermis	X		X			X
Pinus mugo (Sorten)	X	X	X			X
Pinus nigra nigra	X	X	X			X
Pinus peuce		X	X			
Pinus ponderosa	X		X			X
Pinus sylvestris	X	X	X		X	X
Pinus strobus		X	X		X	
Pinus wallichiana		X	X		X	
Pseudolarix amabilis		X	X			
Pseudotsuga menziesii caesia		X		X		
Sciadopitys verticillata		X				
Sequoia sempervirens	X					
Sequoiadendron giganteum	X	X		X	X	
Taxodium distichum		X		X	X	
Taxus baccata (Sorten)	X	X		X		
Thuja occidentalis	X	X	X	X	X	
Thuja occidentalis (Sorten)	X	X	X	X	X	
Thuja plicata 'Excelsa'	X	X		X	X	
Thujopsis dolabrata	X	X	X			
Tsuga canadensis		X	X			
Tsuga mertensiana 'Glauca'		X				

Besondere Verträglichkeiten

Neben den im vorherigen Kapitel beschriebenen Bodenverhältnissen beeinflussen auch weitere Faktoren das Gehölzwachstum. Extreme Temperaturen, vor allem im innerstädtischen Bereich, können das Wachstum der Pflanzen sehr behindern.

Kommen weitere vom Menschen verursachte Faktoren hinzu, wie beispielsweise Luft- und Bodenschadstoffe, extreme Niederschlagsverteilungen sowie unnatürliche Wind- und Strahlungsverhältnisse, dann wird es notwendig, geeignete Gehölze auszuwählen und diese auch Jahre nach der Pflanzung zu pflegen.

Hippophae rhamnoides: salztolerant

Besondere Ansprüche der Laubgehölze

Art	Lichthungrig L Schattenvertragend S	Windtolerant	Überflutungstolerant (K kurz, L lang, P permanent)	Trockenheitstolerant	Stadtklimatolerant	Salzlufttolerant L	Bodensalztolerant B	Frosttolerant
Acanthopanax sieboldianus	S			X	X			
Acer campestre	SL	X	K		X		B	X
Acer ginnala	SL	X		X	X		B	
Acer monspessulanum				X				
Acer neglectum 'Annae'	S				X			
Acer negundo (Sorten)			KL	X	X		B	
Acer palmatum (Sorten)	S							
Acer pensylvanicum	S							
Acer platanoides (Sorten)		X	K	X	X	L	B	X
Acer pseudoplatanus (Sorten)		X	K			L	B	X
Acer rubrum	S		KL	X				X
Acer rufinerve	S							
Acer saccharinum (Sorten)	SL		KL		X	L	B	
Actinidia (Arten/Sorten)		X	K		X			
Aesculus carnea 'Briotii'					X	L	B	
Aesculus hippocastanum		X	K			L	B	X
Aesculus hippocastanum 'Baumannii'		X	K			L	B	X
Aesculus parviflora	S				X		B	X
Ailanthus altissima	L			X	X	L	B	
Akebia (Arten/Sorten)	X		K					
Alnus cordata		X	K	X	X		B	
Alnus glutinosa		X	KL				B	
Alnus incana	L	X	KL	X			B	
Alnus spaethii	L	X	K	X	X			X
Amelanchier (Arten)	LS	X	K	X	X		B	
Amorpha fruticosa	L				X	L	B	
Aralia elata (Sorten)	S		K					
Arctostaphylos uva-ursi						L	B	
Aristolochia macrophylla			KL					
Aronia arbutifolia		X	KL					
Aronia melanocarpa		X	K		X	L	B	
Aucuba japonica	S							
Berberis buxifolia 'Nana'	SL				X			

Art	Lichthungrig L Schattenvertragend S	Windtolerant	Überflutungstolerant (K kurz, L lang, P permanent)	Trockenheitstolerant	Stadtklimatolerant	Salzlufttolerant L	Bodensalztolerant B	Frosttolerant
Berberis candidula	SL	X			X			
Berberis frikartii 'Amstelveen'	SL				X			
Berberis gagnepainii 'Klugowskiana'	SL	X			X			
Berberis julianae	SL	X			X			
Berberis media 'Parkjuwel'	SL				X			
Berberis ottawensis 'Superba'	SL			X	X			
Berberis stenophylla	SL				X			
Berberis thunbergii (Sorten)	SL	X		X	X	L	B	
Berberis verruculosa	SL	X			X			
Berberis vulgaris	L	X		X				
Berberis wilsoniae subcauliata	SL				X			
Betula albosinensis	L							
Betula nana	L		K					
Betula nigra	L		K	X				
Betula pendula (Sorten)	L	X		X	X	L	B	X
Betula platyphylla	L							
Betula pubescens	L	X	K					
Betula utilis	L			X				X
Buddleia (Arten/Sorten)	L			X	X			
Buxus (Arten/Sorten)	S				X			
Callicarpa bodinieri giraldii	S							
Calluna vulgaris (Sorten)	L							
Calycanthus floridus	S		K					
Camellia (Sorten)	S							
Campsis (Arten/Sorten)	L			X	X			
Caragana arborescens	L	X		X	X		B	
Carpinus betulus	S	X	K		X			X
Caryopteris (Sorten)	L							
Castanea sativa		X		X				
Catalpa bignonioides (Sorten)	L		KL		X			X
Ceanothus (Sorten)	L				X			
Celastrus orbiculatus	S	X	K	X				
Cercidiphyllum japonicum			K					
Cercis siliquastrum	LS			X	X			
Chaenomeles (Arten/Sorten)	S	X			X			

Besondere Ansprüche der Laubgehölze

Art	Lichthungrig L Schattenvertragend S	Windtolerant	Überflutungstolerant (K kurz, L lang, P permanent)	Trockenheitstolerant	Stadtklimatolerant	Salzlufttolerant L	Bodensalztolerant B	Frosttolerant
Chionanthus virginicus			K					
Clethra alnifolia	S		KL					
Colutea arborescens	LS	X		X	X		B	
Cornus alba (Sorten)	S	X	KLP					
Cornus florida			K					
Cornus mas	L	X		X	X		B	
Cornus sanguinea	SL	X	K	X	X		B	
Cornus stolonifera 'Flaviramea'			KL		X	L	B	
Corylopsis (Arten)	S							
Corylus avellana	S	X						
Corylus colurna	L	X	K	X	X		B	
Cotinus (Arten/Sorten)	L			X	X			
Cotoneaster acutifolius	S	X			X			
Cotoneaster bullatus	S	X			X			
Cotoneaster dammeri 'Coral Beauty'	S	X			X			
Cotoneaster dammeri 'Skogholm'	S	X			X			
Cotoneaster dielsianus	S	X		X	X			
Cotoneaster divaricatus	S	X		X	X			
Cotoneaster franchetii	S	X		X	X			
Cotoneaster horizontalis	S	X			X	L		
Cotoneaster microphylla 'Cochleatus'	S				X			
Cotoneaster multiflorus	S	X			X			
Cotoneaster praecox	LS				X			
Cotoneaster salicifolius (Sorten)	S				X			
Cotoneaster sternianus	S	X		X	X			
Crataegus crus-gallii	S	X		X	X	L	B	X
Crataegus lavallei 'Carrierei'	S	X		X	X	L	B	
Crataegus laevigata 'Paul's Scarlet'	S	X		X	X	L	B	
Crataegus monogyna	SL	X		X	X	L	B	X
Crataegus prunifolia	S	X		X	X	L	B	
Cytisus (Arten/Sorten)	L			X	X		B	
Daphne cneorum	S							
Daphne mezereum	S							

Art	Lichthungrig L Schattenvertragend S	Windtolerant	Überflutungstolerant (K kurz, L lang, P permanent)	Trockenheitstolerant	Stadtklimatolerant	Salzlufttolerant L	Bodensalztolerant B	Frosttolerant
Davidia involucrata vilmoriniana	S							
Deutzia 'Boule de Neige'	S							
Deutzia gracilis	S							
Deutzia kalmiiflora	S							
Elaeagnus angustifolia	L	X		X	X	L	B	
Elaeagnus commutata	L	X	KL	X	X	L	B	
Elaeagnus ebbingei	L			X				
Elaeagnus multiflora	L	X		X	X		B	
Elaeagnus pungens 'Maculata'	L							
Empetrum nigrum						L	B	
Enkianthus campanulatus	S							
Euonymus alatus	S							
Euonymus europaeus	SL	X	K					
Euonymus fortunei (Sorten)	S	X	K	X	X	L	B	
Euonymus planipes	S							
Euonymus yedoensis	S		K					
Exochorda (Arten)	L							
Fagus sylvatica	S	X						
Fagus sylvatica (Sorten)	S	X						X
Fargesia (Arten/Sorten)	S							X
Forsythia (Sorten)		X						
Fothergilla (Arten)	S		K					
Fraxinus angustifolia (Sorten)	L			X	X			X
Fraxinus excelsior (Sorten)		X	K	X	X		B	X
Fraxinus ornus	LS	X		X	X			X
Gaultheria procumbens	S							
Gaultheria shallon	S		KL					
Genista (Arten/Sorten)	L	X						
Genista (Arten/Sorten)	L			X			B	
Gleditsia triacanthos (Sorten)	L		K	X	X		B	
Gymnocladus dioicus			K				B	
Halimodendron halodendron	L					L	B	
Hamamelis (Arten/Sorten)	S							
Hedera (Arten/Sorten)	S	X	K	X	X			
Hibiscus (Sorten)	L				X			

Besondere Ansprüche der Laubgehölze

Art	Lichthungrig L Schattenvertragend S	Windtolerant	Überflutungstolerant (K kurz, L lang, P permanent)	Trockenheitstolerant	Stadtklimatolerant	Salzlufttolerant L	Bodensalztolerant B	Frosttolerant
Hippophae rhamnoides	L	X	K	X	X	L	B	
Holodiscus discolor ariifolius	S		K					
Hydrangea (Arten/Sorten)	S					L	B	
Hydrangea petiolaris	S	X			X			
Hypericum (Arten/Sorten)	LS							
Ilex aquifolium (Sorten)	S	X						
Ilex crenata (Sorten)	S							
Ilex meservae (Sorten)	S	X						
Ilex verticillata	S		KL					
Jasminum nudiflorum	S				X	X		
Juglans nigra		X			X		B	
Kalmia (Arten)	S		K					
Kerria japonica	S							
Kerria japonica 'Pleniflora'	S							
Koelreuteria paniculata	L			X	X			X
Kolkwitzia amabilis	S	X			X			
Laburnum (Arten/Sorten)	LS							
Lavandula angustifolia	L				X			
Lespedeza thunbergii	L			X				
Leucothoe catesbaei walteri	S		KL					
Ligustrum ibolium	S			X	X			
Ligustrum optusifolium regelianum	S			X	X			
Ligustrum ovalifolium	S	X		X	X	L	B	
Ligustrum ovalifolium 'Aureum'	S			X	X	L	B	
Ligustrum vulgare (Sorten)	S	X		X	X	L	B	
Liquidambar styraciflua	L		KL		X			
Liriodendron tulipifera			K	X				X
Lonicera (Arten/Sorten)	S				X			
Lonicera caerulea	*S*	*X*	*K*		*X*			
Lonicera korolkowii zabelii	S				X			
Lonicera ledebourii	S	X	K		X	L	B	
Lonicera maackii	S				X			
Lonicera nitida 'Elegant'	S				X	L	B	
Lonicera pileata	S				X			

Art	Lichthungrig L Schattenvertragend S	Windtolerant	Überflutungstolerant (K kurz, L lang, P permanent)	Trockenheitstolerant	Stadtklimatolerant	Salzlufttolerant L	Bodensalztolerant B	Frosttolerant
Lonicera tatarica	S	X			X	L	B	
Lonicera xylosteum	S	X			X	L	B	
Lonicera xylosteoides 'Clavey's Dwarf'	S	X			X	L	B	
Lycium barbarum	L	X		X	X	L	B	
Mahonia aquifolium	S				X			
Mahonia bealei	S				X			
Malus sargentii		X						
Mespilus germanica				X	X			
Morus alba	L	X		X	X	L		X
Myrica gale	L		K					
Nothofagus antarctica					X			
Ostrya carpinifolia	L				X			
Pachysandra terminalis	S							
Paeonia suffruticosa (Sorten)	L							
Parrotia persica	S		K					
Paulownia tomentosa	L			X	X			
Perovskia (Arten/Sorten)	L			X	X			
Phellodendron amurense								
Philadelphus (Arten/Sorten)	S	X			X		B	
Photinia villosa		X			X			
Phyllostachys (Arten/Sorten)	S	X						
Physocarpus opulifolius	S	X		X	X			
Pieris (Arten/Sorten)	S							
Pieris floribunda	S							
Platanus hispanica	L	X	KL	X	X		B	X
Pleioblastus (Arten)	S	X						
Polygonum aubertii			K			L	B	
Populus alba 'Nivea'	L	X	KL	X		L	B	
Populus balsamifera	L		KL	X			B	
Populus berolinensis	L		KL	X	X		B	
Populus canescens	L	X	KL	X	X	L	B	
Populus lasiocarpa	L		KL	X				
Populus nigra 'Italica'	L	X	KL	X				
Populus tremula	L	X	KL	X	X	L	B	X
Potentilla fruticosa (Sorten)	L				X		B	
Prunus avium						L	B	

Besondere Ansprüche der Laubgehölze

Art	Lichthungrig L Schattenvertragend S	Windtolerant	Überflutungstolerant (K kurz, L lang, P permanent)	Trockenheitstolerant	Stadtklimatolerant	Salzlufttolerant L	Bodensalztolerant B	Frosttolerant
Prunus cerasifera 'Nigra'		X			X			
Prunus fruticosus 'Globosus'	L			X	X			X
Prunus laurocerasus (Sorten)	S					L	B	
Prunus lusitanica	S							
Prunus mahaleb	LS	X		X	X			
Prunus padus	S	X	KL				B	
Prunus serotina	SL	X			X	L	B	
Prunus spinosa	L	X		X	X		B	
Prunus tenella	L				X			
Pseudosasa japonica	S							
Ptelea trifoliata	S	X			X			
Pterocarya fraxinifolia		X	KL		X			
Pyracantha (Sorten)		X		X	X	L	B	
Pyrus calleriana 'Chanticleer'	L	X			X			X
Pyrus communis		X			X			
Pyrus salicifolia	L	X		X	X			
Quercus cerris		X		X	X			
Quercus frainetto				X	X			X
Quercus macranthera				X	X			X
Quercus palustris		X	K		X			
Quercus petraea	L	X		X	X			
Quercus pontica		X			X			
Quercus robur		X	K		X		B	X
Quercus robur 'Fastigiata'		X	K		X		B	X
Quercus rubra		X			X	L	B	
Quercus turneri 'Pseudoturneri'				X	X			
Rhamnus catharticus	SL	X		X	X	L	B	
Rhamnus frangula	S	X	KL					
Rhododendron	S							
Rhodotypos scandens	SL				X			
Rhus typhina (Arten)	L			X	X	L	B	
Ribes alpinum	S	X			X	L	B	
Ribes (Arten/Sorten)	S							
Ribes divaricatum		X			X			

Art	Lichthungrig L Schattenvertragend S	Windtolerant	Überflutungstolerant (K kurz, L lang, P permanent)	Trockenheitstolerant	Stadtklimatolerant	Salzlufttolerant L	Bodensalztolerant B	Frosttolerant
Robinia (Arten/Sorten)	L			X	X	L	B	X
Rosa (Arten/Sorten)	L							
Rosa canina	L	X			X	L		
Rosa carolina	L			X	X	L		
Rosa glauca		X		X		L		
Rosa multiflora		X				L		
Rosa nitida	L	X	K		X	L		
Rosa pimpinellifolia	L	X		X	X	L	B	
Rosa rubiginosa	L	X		X	X	L		
Rosa rugosa	L	X		X	X	L	B	
Rosa rugotida	L	X		X	X	L	B	
Rosa – Gartenrosen	L							
Rubus (Arten)	SL						B	
Rubus fruticosus	S	X	K					
Salix acutifolia pendulifolia	L		K					
Salix alba (Sorten)	L	X	KL			L	B	
Salix aurita	LS		KL			L	B	
Salix balsamifera mas	L		K		X	L	B	
Salix caprea	LS	X	K			L	B	
Salix cinerea	LS	X	KL					
Salix daphnoides	L		KL					
Salix elaeagnos	L	X	K					
Salix erythroflexuosa	L		K					
Salix fragilis	L	X	KL	X				X
Salix hastata 'Wehrhahnii'	L		K					
Salix matsudana 'Tortuosa'	L		K				B	
Salix purpurea	L	X	K		X	L	B	
Salix repens argentea	L		K	X	X	L		
Salix rosmarinifolia	L		K					
Salix sachalinensis 'Sekka'	L		K					
Salix smithiana	L		K					
Salix viminalis	L	X	KL					
Sambucus canadensis (Sorten)	S		K					
Sambucus nigra	S	X	K			L	B	
Sambucus racemosa	SL	X					B	

Besondere Ansprüche der Laubgehölze

Art	Lichthungrig L Schattenvertragend S	Windtolerant	Überflutungstolerant (K kurz, L lang, P permanent)	Trockenheitstolerant	Stadtklimatolerant	Salzlufttolerant L	Bodensalztolerant B	Frosttolerant
Sasa kurilensis	S							
Skimmia (Arten)	S							
Sophora japonica	L			X	X		B	
Sorbaria aitchisonii	S	X						
Sorbaria sorbifolia	S	X	K					
Sorbus aria		X		X	X	L	B	
Sorbus aucuparia (Sorten)	SL	X	K		X			X
Sorbus intermedia	L	X			X	L		
Spiraea (Arten/Sorten)	LS	X			X			
Staphylea colchica	S							
Stephanandra incisa	S		K		X			
Stranvaesia davidiana	S							
Symphoricarpos albus laevigatus	SL	X	K		X	L	B	
Symphoricarpos (Arten/Sorten)	SL			X	X	L	B	
Syringa (Arten/Sorten)	SL	X			X	L	B	
Tamarix (Arten)	L	X	K	X	X	L	B	
Tilia cordata	S		K	X	X	L		X
Tilia euchlora	L				X			
Tilia tomentosa	L			X	X		B	
Ulex europaeus	L	X				L	B	
Ulmus carpinifolia	LS	X	KL					
Ulmus glabra	S	X	KL			L	B	
Ulmus laevis		X	KL			L	B	
Vaccinium vitis-idaea 'Koralle'	S							
Viburnum burkwoodii	S							
Viburnum lantana	SL	X		X	X		B	
Viburnum opulus (Sorten)	S	X	KL					
Viburnum rhytidophyllum	S				X			
Vinca minor	S				X			
Vitis (Arten/Sorten)	L							
Weigela (Sorten)	S							
Wisteria (Arten/Sorten)	L	X	K			L		

Besondere Ansprüche der Nadelgehölze

Art	Lichthungrig L Schattenvertragend S	Windtolerant	Überflutungstolerant (K kurz, L lang, P permanent)	Trockenheitstolerant	Stadtklimatolerant	Salzlufttolerant L	Bodensalztolerant B	Frosttolerant
Abies alba	S	X						
Abies balsamea (Sorten)	S	X						
Abies concolor	LL	X		X	X			
Abies homolepis	SL	X			X			
Abies koreana		X						
Abies lasiocarpa (Sorten)	L	X						
Abies nordmanniana	S	X						
Abies pinsapo (Sorten)	L	X						
Abies procera (Sorten)	L	X						
Abies veitchii	S	X						
Araucaria araucana	L	X						
Cedrus (Arten/Sorten)	L	X		X	X			
Chamaecyparis (Arten/Sorten)	SL	X			X			
Cupressocyparis (Arten/Sorten)		X		X				
Ginkgo biloba	L	X		X	X			X
Juniperus (Arten/Sorten)	LS	X	K	X	X			
Larix (Arten/Sorten)	L	X						
Metasequoia glytostroboides		X	KLP	X	X			X
Microbiota decussata		X						
Picea abies (Sorten)	S	X						
Picea breweriana	L							
Picea glauca (Sorten)	L		K		X			
Picea omorika (Sorten)	SL							
Picea orientalis	S			X				
Picea pungens (Sorten)	SL			X	X	L	B	
Picea sitchensis	SL	X	K	X		L	B	
Pinus aristata	L	X			X			
Pinus cembra		X			X	L	B	
Pinus contorta	L	X		X				
Pinus leucodermis	L	X		X	X			
Pinus mugo (Sorten)	L	X		X	X	L	B	
Pinus nigra nigra	L	X		X	X	L	B	
Pinus peuce	L	X		X	X			

Besondere Ansprüche der Nadelgehölze

Art	Lichthungrig L Schattenvertragend S	Windtolerant	Überflutungstolerant (K kurz, L lang, P permanent)	Trockenheitstolerant	Stadtklimatolerant	Salzlufttolerant L	Bodensalztolerant B	Frosttolerant
Pinus ponderosa	L	X		X				
Pinus sylvestris	L	X	L	X	X	L	B	
Pinus strobus	L	X	K					
Pseudolarix amabilis	L							
Pseudotsuga menziesii caesia		X		X				
Sciadopitys verticillata	S							
Sequoiadendron giganteum		X						
Taxodium distichum	L	X	KLP					
Taxus (Arten/Sorten)	S	X						
Thuja occidentalis (Sorten)	S	X	K		X			
Thuja orientalis (Sorten)					X			
Thuja plicata (Sorten)	S	X	K					
Thujopsis dolabrata		X						
Tsuga canadensis	S	X						
Tsuga mertensiana 'Glauca'	S	X						

Baumschulkataloge

Bruns Pflanzen, 2006/2007, Bad Zwischenahn.
Lorenz von Ehren, 2. Auflage, 2004, Hamburg.
Lappen Baumschulen, 2007, Nettetal-Kaldenkirchen.
Wilhelm Ley Baumschulen, 2006, Meckenheim.

Giftinformationszentren

Österreich

Wien, Tel. 0043 – 1 / 4064343

Deutschland

Berlin 0049 – 30 / 19240
Bonn 0049 – 228 / 19240
Erfurt 0049 – 361 / 730730
Freiburg 0049 – 761 / 19240
Göttingen 0049 – 551 / 383180
Homburg 0049 – 6841 / 19240
Mainz 0049 – 6131 / 19240
München 0049 – 89 / 19240
Nürnberg 0049 – 911 / 398 24 51

Schweiz

Zürich 0041 – 44 / 251 66 66 (oder Kurzwahl: 145)

Literaturverzeichnis

AuGaLa (2005): AuGaLa Pflanzenbuch Band 1, 3. Auflage, Verlagsgesellschaft „Grün ist Leben“, Rellingen.

Bauer, J. (2005): Aktuelles zur GALK-Straßenbaumliste, Referat auf den Nordischen Baumtagen, April 2005.

Bayerische Landesanstalt für Weinbau und Gartenbau (2005): Dächer – grün und lebendig, Waldbrunn.

Bayerische Landesanstalt für Weinbau und Gartenbau (2005): Dächer nutzen und erleben, Waldbrunn.

Bayerisches Landesamt für Umwelt (2007): Gehölzpflege und Uferschutz, Augsburg.

Bund deutscher Baumschulen (in Zusammenarbeit mit der CMA) (1995): Kübel Fibel.

Bundesministerium für Umwelt, Naturschutz und Reaktorsicherheit (2000): Offizielle Liste giftiger Pflanzen, Bundesanzeiger.

CMA: Hecken – Lebendige Zäune, (www.cma.de) Bonn.

CMA: Kleinbleibende Gehölze für den Hausgarten, (www.cma.de) Bonn.

CMA: Mobiles Grün – Gehölze in Kübeln und Trögen, (www.cma.de) Bonn.

CMA: Nadelgehölze – Immergrüne für den Garten, (www.cma.de) Bonn.

CMA: Schlinger und Kletterer, (www.cma.de) Bonn.

CMA: Ziergehölze in Licht und Schatten, (www. cma.de) Bonn.

Gartenamtsleiterkonferenz beim deutschen Städtetag (2006): Beurteilung von Baumarten für die Verwendung im städtischen Straßenraum.

Gartenamtsleiterkonferenz beim deutschen Städtetag (2006): Straßenbaumliste.

Gartenbauzentrum Münster-Wolbeck/Essen: Kleinkronige Bäume für den Hausgarten.

Giftinformationszentrum Nord (2007): Liste giftiger Pflanzenarten, (www.giz-nord.de) Göttingen.
Gut, O. (2004): Straßen- und Alleebäume, Der Gartenbau, Gartenbau-Verlag, Solothurn.
Hoffman, M.H.A., (2005): Namensliste Gehölze, (www.internationalplantnames.com), Boskoop.
Jesch, H.-H., Fronia, R., Albrecht, S. (2005): Tendenzen im Sortiment, Grün ist Leben, 05/2005.
Kröger, G.W. (2002): BdB-Handbuch Gehölzsortimente, 15. Auflage, Verlagsgesellschaft „Grün ist Leben“, Tornesch.
Landwirtschaftskammer Nordrhein-Westfalen (2002): Wege zum Naturverständnis – Pflanzenverwendung in Kindergärten und kinderfreundlichen Anlagen, Bonn.
Meyer, F.H. (1982): Bäume in der Stadt, 2. Auflage, Verlag Eugen Ulmer, Stuttgart.
Ministerium für Ernährung, Landwirtschaft, Umwelt und Forsten, Baden-Württemberg (1985): Pflanzenkatalog zur Verbesserung der Bienenweide und des Artenreichtums, Stuttgart.
Sächsische Landesanstalt für Landwirtschaft (1999): Bodendecker für Friedhöfe.
Sächsische Landesanstalt für Landwirtschaft (2002): Geschnittene Hecken, 2. Auflage.
Sächsische Landesanstalt für Landwirtschaft (2003): Grün- und Strukturpflanzen für Balkonkästen.
Sächsische Landesanstalt für Landwirtschaft (2006): Schnellwachsende Baumarten, 2. Auflage.
Stangl, R., Berger, J.: Untersuchung von Gehölzstrukturen für den Lärm- und Sichtschutz an der Brennerautobahn, Wien.
Tobias, S. (2003): Einführung in die Ingenieurbiologie, Birmensdorf.

Weblinks

Allgemeine Deutsche Rosenneuheitenprüfung (ADR): www.adr-rose.de
Botanikus: Giftpflanzendatenbank: www.botanikus. de
Bundesgehölzsichtung: www.gehoelzsichtung.de
Verlag Eugen Ulmer, Stuttgart; PPP-Index: www. ppp-index.de

Bildquellen

Umschlag: Floramedia Deutschland KG
Inhalt: Floramedia Deutschland KG

Impressum

avBUCH im CADMOS Verlag

3. Auflage 2018, unveränderter Nachdruck 2021

Die Deutsche Nationalbibliothek – CIP-Einheitsaufnahme
Die Deutsche Nationalbibliothek verzeichnet diese Publikation in der Deutschen Nationalbibliografie; detaillierte bibliografische Daten sind im Internet über http://dnb.ddb.de abrufbar.

Projektleitung: Claudia Stoifl, avBUCH
Redaktion: Claudia Cech, Heiligenkreuz
Umschlag: Ravenstein + Partner, Verden
Layout: Hantsch & Jesch PrePress Services OG, Wien
Satz & Bildreproduktion: Floramedia Deutschland KG
Druck und Bindung: www.graspo.com

Printed in EU

ISBN 978-3-7040-2223-3